森林报·冬

[苏联] 维塔里·瓦连季诺维奇·比安基/著

童趣出版有限公司编译　　人民邮电出版社出版

北　京

图书在版编目（ＣＩＰ）数据

森林报. 冬 / （苏）维塔里·瓦连季诺维奇·比安基
著；童趣出版有限公司编译. -- 北京：人民邮电出版
社，2021.10
　　（童趣文学：经典名著阅读）
　　ISBN 978-7-115-57175-5

　　Ⅰ. ①森… Ⅱ. ①维… ②童… Ⅲ. ①森林—少儿读
物 Ⅳ. ①S7-49

中国版本图书馆CIP数据核字(2021)第168838号

著：［苏联］维塔里·瓦连季诺维奇·比安基

责任编辑：郭　品
执行编辑：林乐蓓
责任印制：李晓敏
改　写：木　之
美术设计：北京绵绵细语文化创意有限公司

编　译：童趣出版有限公司
出　版：人民邮电出版社
地　址：北京市丰台区成寿寺路 11 号邮电出版大厦（100164）
网　址：www.childrenfun.com.cn
读者热线：010-81054177
经销电话：010-81054120

印　刷：三河市兴达印务有限公司
开　本：685mm×960mm 1/16
印　张：9
字　数：141 千字
版　次：2021年10月第1版　2021年10月第1次印刷
书　号：ISBN 978-7-115-57175-5
定　价：17.80 元

|序　言|

教育部颁布的《义务教育语文课程标准（2011年版）》（以下简称"新课标"）中提出，"要重视培养学生广泛的阅读兴趣，扩大阅读面，增加阅读量，提高阅读品位。提倡少做题，多读书，好读书，读好书，读整本的书"，"要求学生9年课外阅读总量达到400万字以上"。

作为"新课标"第一套示范教材，由教育部直接组织编写的2016年版语文教材（以下简称"部编本"语文教材）做出了两个重要改变：适当减少精读精讲的比例，避免反复操练知识点；名著阅读重在"一书一法"，积累读书方法，摒弃僵化的"赏析体"。

在"新课标"的纲领和"部编本"语文教材的示范下，本套"童趣文学　经典名著阅读"丛书包含"新课标"建议阅读书目，覆盖义务教育学龄段，践行感悟式阅读、综合性点拨，帮助孩子全面提升语文素养。

选本充分体现经典性、可读性和语文性，并且注重多样化，力求做到古典文学与现当代文学、中国文学与外国文学兼顾。在体裁方面，也追求丰富多样，童话、寓言、诗歌、散文、小说、传记、杂文等均包含在内。

中国现当代文学名著均为原版呈现，并首次整理"附表"，将书内异于现代汉语使用规范的汉字单独列出，使孩子既能品读名著的原汁原味，又能巩固字词的最新规范用法，"鱼与熊掌"兼得。

体例上，在正文之外，设置"走近文学大师""走近文学作品""导读""阅读感悟""自我检测题"等板块。其中，"走近文学大师""走近文学作品"尤为翔实生动，围绕作品进行立体式内容延伸，重点讲解作品知识和文化常识，运用多种新颖直观的图解整合内容，避免空洞的概念陈述。比如，"作者简介"内容翔实丰富，"一生足迹"采用思维导图，作品特色介绍采用关键词索引，等等。形式贴合内容，读来走心不吃力。"自我检测题"不走题海战术，不与模式化考题重复，以阅读策略为主线设计习题，真正做到"一书一法"，以方法统领知识点。

名著正文中的注解，参照《义务教育语文课程常用字表》《现代汉语词典》，对生僻字词、相关的历史和文化知识等，做了准确精要的注释。名著正文中标注出曾入选语文教材的章节和值得重点品读的段落，引导孩子把握精读和略读的节奏，点到为止，不以模式化的解读来代替孩子的体验和思考。

期望这套丛书能通过富有东方审美意味的彩插和版式，为孩子营造亲切的母语氛围；通过完备的体例和灵活的点拨，让孩子发现经典作品的内在美；通过千百年来流传的大师作品，帮助孩子找寻奇妙时空里的对话者，在阅读中快乐成长。

它看见雪里有一个小兽在蠕动，一身灰不溜丢的毛皮，还拖着一条小尾巴。它想也没想，一下子扑上去，抓住了这个小东西，接着就是一口——咔嚓！

原本住在田野里的一群灰山鹑，它们现在住在打谷场附近，常常飞到村庄里找食物。

现在，我和小朋友们来到了幼儿园。这个时候，奶牛和马也到了幼儿园。我们去散步的时候，它们也会去散步。我们回家的时候，它们也回家了。

插图四

神奇的北极光不断地变幻着颜色，有时像一条飘动飞舞的彩带，沿着北极方向的天空铺展开来，有时像一道瀑布似的直泻而下，有时像一根根柱子或一把把利剑直冲云霄。

北极雪鸮在白天捕猎，否则夏季它在冻土带
怎样生活呢？因为那时，一整天都是白昼哇！

我们的大海一年四季在狂欢，整年荡漾着波浪，活泼快乐的海豚在海里嬉戏着，鸬鹚在水里钻进钻出，白色的海鸥在海上飞翔。

这只黄色的山雀两颊是白色的，只有胸脯上
有一条黑色的纹路。它对人类毫不理会，径自飞
落在餐桌上，开始啄食面包屑。

过了一分钟，它从另一个冰窟窿里钻出来，又跳到水面上来了。它抖了抖身子，若无其事地哼起快乐的歌。

目录

走近文学大师 ·· i

走近文学作品 ·· v

森林报·冬

森林报　第十期 ·· 001

一年——分12个月谱写的太阳诗篇 ································ 001

冬天是一本书 ··· 003

怎么读书？ ·· 004

怎么写字？ ·· 005

楷体字和花体字 ·· 005

小狗和狐狸、大狗和狼 ·· 007

狼的花招儿 ·· 008

树木过冬 ………………………………………………… *009*

雪下的牧场 ……………………………………………… *011*

林中大事记 ……………………………………………… *014*

冒失的小狐狸 …………………………………………… *015*

可怕的脚印 ……………………………………………… *016*

白雪覆盖的鸟群 ………………………………………… *017*

雪地里的爆炸和获救的鹿 ……………………………… *018*

雪海底部 ………………………………………………… *020*

冬季的中午 ……………………………………………… *022*

农庄纪事 ………………………………………………… *024*

集体农庄新闻 …………………………………………… *024*

耕雪机 …………………………………………………… *026*

冬令时的生活 …………………………………………… *027*

绿　带 …………………………………………………… *027*

都市新闻 ………………………………………………… *029*

光脚在雪上爬 …………………………………………… *029*

国外的消息 ……………………………………………… *030*

轰动南非的大事 ………………………………………… *031*

埃及的鸟类聚会 ………………………………………… *032*

自然资源保护区 ………………………………………… *033*

天南地北无线电通报 ……………………………………… *035*

请收听！请收听！

北冰洋极北群岛广播电台 ……………………………… 036

顿河草原广播电台 ………………………………………… 038

新西伯利亚原林广播电台 ………………………………… 039

卡拉库姆沙漠广播电台 …………………………………… 040

请收听！请收听！

高加索山区广播电台 ……………………………………… 041

黑海广播电台 ……………………………………………… 043

列宁格勒广播电台 ………………………………………… 044

打靶场：第十次竞赛 …………………………………… 046

公告栏："火眼金睛"称号竞赛（九） ………………… 049

森林报　第十一期 …………………………………… 053

一年——分 12 个月谱写的太阳诗篇 ……………………… 053

林中大事记 …………………………………………… 055

森林里好冷啊 ……………………………………………… 055

吃饱了不怕冷 ……………………………………………… 056

跟在后面吃剩下的 ………………………………………… 057

小芽怎么过冬 ……………………………………………… 059

小木屋里的山雀 …………………………………………… 060

我们去打猎 ………………………………………………… 062

老鼠从森林出走 ·· 063

不用遵守法则的林中居民 ························· 063

熊找到的好地方 ·· 067

都市新闻 ··· 069

免费食堂 ·· 069

学校里的大自然角 ····································· 070

树木的同龄人 ··· 073

祝你钩钩不落空 ·· 075

打靶场：第十一次竞赛 ····························· 078

公告栏："火眼金睛"称号竞赛（十） ········· 080

森林报　第十二期 ······································ 081

一年——分 12 个月谱写的太阳诗篇 ············ 081

林中大事记 ·· 083

熬得过去吗？ ··· 083

严寒的牺牲者 ··· 084

结薄冰的天气 ··· 085

玻璃青蛙 ·· 087

瞌睡虫 ··· 087

轻　装 ··· 089

急不可耐 ·· 090

解除"武装" …………………………………… *090*

从冰窟窿里探出的脑袋 …………………… *091*

冬泳爱好者 ………………………………… *093*

在冰盖下 …………………………………… *095*

雪下的生命 ………………………………… *095*

春的预兆 …………………………………… *097*

都市新闻 ………………………………… **100**

大街上的斗殴 ……………………………… *100*

装修和重建 ………………………………… *101*

鸟的食堂 …………………………………… *102*

都市交通新闻 ……………………………… *102*

返回故乡 …………………………………… *103*

雪下的童年 ………………………………… *104*

新月初升 …………………………………… *105*

迷人的小白桦 ……………………………… *106*

最早的歌声 ………………………………… *107*

绿棒接力赛 ………………………………… *108*

打靶场：第十二次竞赛 ………………… **110**

最后时刻的紧急电报 …………………… **112**

附　录 ……………………………………………………… *113*

打靶场答案 ……………………………………………………… *113*

"火眼金睛"称号竞赛答案 ……………………………… *119*

走/近/文/学/大/师

维塔里·瓦连季诺维奇·比安基

作者简介

维塔里·瓦连季诺维奇·比安基（1894—1959年），苏联儿童文学家、动物学家。在他30多年的创作生涯中，写过大量科普作品、小说和童话。作为苏联大自然文学的代表作家之一，比安基被誉为"发现森林第一人""森林哑语的翻译者"。他在作品中不仅教少年读者们认识森林的动物和植物，详细地描绘了动物的生活习性，植物的生长情况，还教少年读者们观察、比较和思考，做一个森林的观察者和保护者。

《森林报》是他的代表作，已被译成多种语言在英国、法国、德国、日本和中国等多个国家和地区出版，目前已经有30多个版本，畅销60多个国家。比安基多年患有半身不遂症，在逝世前他仍然坚持写作，还专门为中国的小读者写了不少作品，是中国小读者的好朋友。除此之外，他创作的《少年哥伦布》《写在雪地上的书》《无所不知的兔子》等同样深受广大读者的喜爱。

一生足迹

1894年 出生于俄国，他的父亲是一位著名的自然生物学家，从小受家庭熏陶，他对大自然产生了浓厚的兴趣。

1913年 成年后，他在乌拉尔河阿尔泰山区一带旅行，沿途详细记录了所看到、听到和遇到的一切。

1921年 积累了大自然旅行的日记素材，决定当一名作家，开始创作科学童话、科学故事、打猎故事。

1927年 《森林报》出版，比安基正式走上文学创作道路。

1957年 作品集《森林中的真事和传说》出版。

1959年 患脑溢血逝世。

1961年 《森林报》已再版10次，每次再版都增加一些新栏目。

作者关键词→

·父亲的陪伴

比安基的父亲是一位著名的自然生物学家，家里养着许多飞禽走兽。受父亲及这些终日为伴的动物朋友的影响，他从小就对大自然的奥秘产生了浓厚的兴趣。比安基还是一名少年时，就喜欢到科学院动物博物馆去看标本，跟随父亲去山上打猎，在很小的时候，他就开始自己打猎了。每逢假期他还会跟家人去郊外、乡村或者海边居住。在那里，父亲教会他怎样根据飞行的模样识别鸟类，根据脚印辨别野兽。

·勇敢的森林之旅

比安基一生的大部分时间都消磨在森林里。他总是随身携带着猎枪、望远镜和笔记本，走遍一座又一座森林。成年后，他开始在乌拉尔河阿尔泰山区一带旅行，沿途详细记录了他所看到、听到和遇到的一切。27岁的时候，他已经积累了一大堆日记。后来，比安基决定当一名作家。于是，他开始创作，写科学童话、科学故事、打猎故事……他很擅长在别人看起来普通和平凡的事物中发现新鲜事物。他的童话、故事和小说，为小读者展现了一幅幅栩栩如生的自然图景。

如今，我们生活在钢筋水泥的城市中，对大自然越来越陌生，在森林、河流、湖泊里生活的动物、植物也离我们越来越远。《森林报》恰恰为我们展示了远离人类干扰的大自然生活的原貌，那里隐藏着无穷无尽的奥秘，它们被作者一一揭开。自然生活并非我们想象的那么平静、有序，它们是热闹且生机勃勃的，即便是植物，也在一年四季有不同的生命写照。

　　作者比安基的描写，让大自然的四季拥有了自己的色彩。阅读《森林报·冬》，就仿佛置身于森林深处，让读者重新感受到自然的生命力。

走/近/文/学/作/品

《森林报·冬》

内容简介

　　《森林报》是苏联作家维塔里·瓦连季诺维奇·比安基的代表作,他擅长以轻快幽默的笔调来描写动植物的生活,在《森林报》中,作者采用报刊的形式,以春、夏、秋、冬的 12 个月为序,分门别类地报道森林的新闻,本书是《森林报》的分册《冬》,记录了森林里冬天的新闻事件,其中有森林中的大事记,也有集体农庄及城市的新闻报道,内容丰富,将动植物的生活表现得栩栩如生,引人入胜,堪称是大自然的百科全书。

经典角色

交嘴雀

交嘴雀是一种很特别的鸟，它像鹦鹉一样，有着一身颜色艳丽的羽毛，雄交嘴雀的羽毛是深浅不一的橙红色，雌交嘴雀和幼鸟的羽毛是绿色和黄色的。交嘴雀还喜欢攀缘在细木杆上爬上爬下，转来转去，因此在列宁格勒，人们还把交嘴雀叫作"鹦鹉"。

交嘴雀一年四季都过着居无定所的生活，因为它们需要四处寻找球果结得最多、最好的地方。交嘴雀的爪子善于抓握，它们喜欢头朝下、尾巴朝上，用爪子抓住上面的细树枝，用嘴咬住下面的细树枝，把身体倒挂着。交嘴雀的嘴巴也擅长叼东西，它的嘴十分独特。交嘴雀的嘴呈十字形交叉，上半片往下弯，下半片往上翘。这样十字形交叉的弯嘴巴有利于它们把种子从球果里啄出来。非常奇怪的是，交嘴雀死后，尸体过很久也不会腐烂。老交嘴雀的尸体可以放上二十多年，不掉羽毛，也不发臭，像木乃伊一样。这是因为它们长期以球果为食。松子和云杉种子里面含有大量的松脂。有些老交嘴雀一辈子吃松子、云杉种子，全身都被这种松脂浸透，从而尸体不会腐烂。

蝙蝠

蝙蝠一般居住在阴暗潮湿的岩洞里，往往会让人觉得阴森恐怖，可是谁能想到蝙蝠竟然是个"瞌睡虫"呢！《森林报》的记者们在岩洞的洞顶上发现了许多蝙蝠，它们躲在那里睡觉，已经睡了五个月了。这些蝙蝠个个头朝下，脚朝上，用脚牢牢地攀住粗糙不平的岩洞顶。其中，大耳蝠把大耳朵藏在叠起的翅膀下，用翅膀把身体包起来，裹得严严实实，仿佛裹在毯子里似的。它们就这样倒挂着进入了梦乡。

由于蝙蝠睡得非常久，《森林报》的记者们很担心它们。因此，记者们测量了蝙蝠的脉搏与体温。通常在夏天的时候，蝙蝠的体温和我们人类一样在 37 摄氏度左右，脉搏每分钟 200 次。而在冬天，这些躲在山洞里睡大觉的蝙蝠，新陈代谢的速度降低，脉搏每分钟只有 50 次，体温只有 5 摄氏度。尽管如此，大家也不用为这些"瞌睡虫"担心，它们的健康状况良好。等到温暖的夜晚到来，它们就会十分健康地苏醒过来。

河乌

河乌是一种水雀，它的特别之处在于会"游泳"，它既能在水面浮游，也能在水底潜走。它会在水里用翅膀划水，就像游泳的人用胳膊划水一样。它那黑色的脊背在清澈透明的水里忽闪忽闪的，宛如一条银色的小鱼。它"游泳"是为了什么呢？原来是为了觅食。河乌一下猛扎到河底，用它尖锐的脚爪抓着沙子，在河底快跑了起来。跑到一个地方，它停留了一小会儿，用嘴把一块小石子儿翻了过来，又从小石子儿下拖出一只乌黑的水甲虫。

即使在严寒的冬季，下水捕猎的河乌也丝毫不惧怕严寒，这是因为它的羽毛上覆盖着一层薄薄的脂肪。当它钻进水里的时候，那层覆盖着脂肪的油亮亮的羽毛上，就会出现一层小水泡，银光闪闪的。河乌就像穿了一件空气做的衣服似的，所以即便在冰水里，它也不会觉得冷。

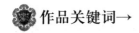 **作品关键词→**

·妙趣横生的科普作品

科普作品以文字为载体，旨在用通俗的语言向大众普及科学知识。《森林报·冬》以动物学、植物学、物候学、地理学等科学知识为依托，具有相当的专业性，反映了俄罗斯地区的动植物在冬季的活动与变化，书中还提供了大量观察和研究自然的方法，并附录了许多有趣的科学问答题，堪称"大自然的百科全书"。

作为一部经典的科普作品，《森林报·冬》借助童话体裁，赋予动植物以人的情感与思维，一定程度上冲淡了科普著作本身的枯燥感，贴合了儿童的阅读趣味，生动地将动植物的活动栩栩如生地呈现出来。童话常采用拟人的手法，具有语言通俗生动，故事情节离奇曲折、引人入胜等特点。而《森林报·冬》中的动植物大多都被"人格化"了，拥有自身的思维方式与情感。此外，书中也有大量充满想象力的悬疑故事，例如书中讲述了乌鸦发现了马的尸体，却又徒劳无功的故事，悬疑而曲折的情节扣人心弦，增强了科普著作的故事感。

·新颖有趣的报刊形式

《森林报》采用报刊的形式，以一月一期的方式来编排新闻，作为一本书籍，它也有报刊所具备的新鲜、快捷、活泼、通俗的特质。《森林报·冬》主要报道了冬季森林中的新闻。每一期都会刊登编辑部的文章、驻林地记者的电报和信件，还有关于森林的故事，也有集体农庄和城市的新闻报道。此外，《森林报·冬》的栏目非常丰富，例如"天南地北无线电通报"专门刊发来自各地的报道，"公告栏"

则向全体读者征聘优秀的、跟踪能力强的"火眼金睛","祝你钩钩不落空"栏目则专门为垂钓爱好者而开设。每期故事的最后还设置了"打靶场",刊登一些图文并茂的知识竞猜题,各种各样的问题不仅增强了趣味性,也能够有效地检测小读者们的阅读效果,力图让他们对自然界有准确而客观的认识。通讯报道的形式与栏目便于事件的追踪,同时能让森林中的故事更有现场感,而征聘与游戏等栏目则增强了图书的趣味性与互动性,有利于培养小读者的动脑和动手能力。

· 关爱自然的人文精神

作为一部科普作品,《森林报·冬》全书贯穿着尊重自然、热爱自然的人文精神。普通报纸上刊登的一般都是关于人类、关于城市的新闻,关于森林、关于自然的报道较少。而《森林报·冬》则聚焦于森林中的故事,刊登了编辑部的文章、驻林地记者的电报和信件,还有关于打猎的故事。其中驻林地记者会实地考察,将森林里发生的形形色色的趣闻记录下来,再寄给编辑部。

比安基将自己的人文精神倾注在对自然万物的书写中,在他的笔下,大自然中的飞禽走兽、一草一木都洋溢着生机勃勃的力量,人与自然万物的关系也和谐而有序地进行着,体现着他尊重自然、敬畏自然、关爱自然的人文精神,这种精神也通过文字传递给小读者们,使他们学会主动观察自然,了解大自然的动植物,熟悉它们的生活习性,研究它们的生活,有利于小读者们从小培养尊重自然、热爱自然的精神,成为珍惜爱护大自然的人。

作品三部曲

·主题思想

《森林报·冬》以冬季月份为顺序，有层次、分类别地描绘出发生在大自然里的新闻，其中既有森林趣事，也有农庄新闻、都市报道，以新鲜、活泼而又充满生命力的语言，描绘了一个多姿多彩的大自然。这部科普作品在展示充满活力、充满乐趣的森林世界的同时，也让小读者们的心更加贴近自然，使小读者们学会思考当下的生态环境，思考人在自然中的位置，思考人与动物、人与植物、人与自然的关系，堪称是增强环保意识和生态意识的课外读物。

·写作特色

作为一部科普作品，《森林报·冬》读起来并不枯燥，这归因于比安基独特的创作手法。《森林报·冬》以报刊的形式来报道森林中的新闻，以新颖的形式来编排内容。此外，比安基还以幽默活泼、通俗而生动的语言展示了以俄罗斯范围内的动植物为代表的多姿多彩的自然王国，书中多用拟人、比喻、对比等修辞手法来描写森林中的动植物，赋予它们与人类一样的喜怒哀乐的情感，用浪漫的手法展现了动植物们在冬季里顽强的生命力与多姿多彩的生活。

·作品影响

《森林报》作为闻名世界的科普作品，自 1927 年问世以来，在不到四十年的时间里已经再版过十次，且被翻译成多国语言，在全世界都广受关注与好评。作为一部经典的儿童科普读物，《森林报》以新颖的报刊形式、专业的科学知识、生动的语言表达、童话般的叙述风格受到小读者的喜爱，经久不衰。书中最具价值的部分之一便是作者将自然科学价值与人文价值结合起来，让小读者们学会思考人与自然的关系，集知识、趣味、美感、思想于一体。

经典语录

◎我把积雪清除干净，太阳照亮了整个牧场的花草。它照亮了一簇簇紧贴在冰冻的地面上的嫩绿小叶子，照亮了从枯草皮下钻出来的、新鲜的嫩芽，照亮了被积雪压倒在地的各种绿色草茎。

◎如果这时有谁往湖上放一枪，密密麻麻的鸟儿就会成群起飞。它们发出的喧嚣声就像同时击打几千面鼓发出的响声，刹那间，整个湖面都会笼罩在浓重的黑影里，因为飞起的鸟群会像乌云一样，把太阳光遮住。

◎神奇的北极光不断地变幻着颜色，有时像一条飘动飞舞的彩带，沿着北极方向的天空铺展开来，有时像一道瀑布似的直泻而下，有时像一根根柱子或一把把利剑直冲云霄。在流光溢彩、光芒四射的天空下，是一片皑皑白雪。

◎今天，黑海的波浪轻轻地拍打着海岸，在温柔的微波荡漾中，沙滩上的鹅卵石滚动着，唱着懒洋洋的催眠曲。暗沉沉的水面上，映出一弯细细的月牙儿。

◎在寂静无声的白雪覆盖下，蕴藏着顽强的生命力。松树和云杉把它们的种子包裹在小拳头般的球果里，保存得很好。

阅读拓展

比安基从小就向往大自然，成年后他勇敢地踏进大自然深处，仔细观察，坚持记录所看到的动物和植物。凭着他这股毅力和对森林的好奇心，才有了《森林报》。

对大自然感兴趣的你，除了《森林报》，还可以阅读法布尔的《昆虫记》。昆虫学家法布尔与比安基一样，从小对大自然有着极大的兴趣，他用了30年来完成《昆虫记》。《昆虫记》被誉为"昆虫的史诗"，这本书对多种昆虫的特征、习性、本能和种类进行了生动详尽的描写，是一本严谨且精彩的观察手记。

森林报　第十期

冬一月：小路初白月

12月21日—1月20日　太阳进入摩羯座

导读

　　被白雪覆盖的大地，仿佛在昭告着冬季的到来。这个季节里，气温会降至最低，动物躲进窝里，植物藏到积雪之下，一切看起来是那么干净无瑕。有一些动物和植物，在这个季节完成了它们的一生；还有一些动物和植物则养精蓄锐，等待春天的到来。

一年——分12个月谱写的太阳诗篇

　　12月，天寒地冻。地面铺上了白雪，打上了银钉，寒冰封住了大地。12月是一年的终结，也是严冬的起点。

　　气温降至零摄氏度以下，滴水成冰，就连汹涌流淌的河水都被冰封起来，大地和森林盖上了一层雪白色的被子。太阳躲到乌云后面，不肯露脸。白昼变得越来越短，黑夜则变得越来越长。

皑皑白雪之下掩埋着无数死去的生物。只有一年生命的植物，按时成长、开花、结果，继而枯萎。最后，它们化为齑粉[1]，化为它们生存所依赖的泥土。与这些植物一样，只有一年生命的动物——那些小型无脊椎动物，也按时度过了它们的一生，化为尘埃，埋葬于泥土之中。

但是，动物产下了后代，植物留下了种子。到了一定时间，太阳就会像童话中英俊的王子那样，用温暖的亲吻来唤醒它们的生命，它们将从泥土中重生，重新创造出鲜活的、有生命力的躯体。

那么，那些生长多年的动植物呢？它们如何平安度过北方漫长又严寒的冬季？它们又是如何保护自己的生命安全，一直熬到春天的到来？现在，严冬还未至，冬天的威风还没有完全发挥出来，太阳的生日——12月23日，已经越来越近了。

太阳还会重回大地的。那时，生命也会随之重生。

但无论如何，还是要先熬过漫漫严冬。

---

[1] 齑（jī）粉：细粉；碎屑。

冬天是一本书

导 读

　　冬一月，天寒地冻，白雪覆盖了大地，田野和林间的空地都被铺上了一层厚重的白雪，像是巨大的书本的内页。冬日大地成为一本洁净而空白的书，而小动物们都用自己独特的"笔迹"书写这本书，留下了神秘的符号和图案。其中，飞鸟的"笔迹"最容易辨认，小狗、狐狸和狼的"笔迹"则很难区分，让我们一起读一读这本奇妙的"冬之书"吧！

　　大地上铺了一层厚实的白雪。田野和林间的空地像一本被摊开的巨大书页，平平整整的，没有一条褶皱，干干净净的，没有一个字。谁要是从这上面走过，就会留下自己的印迹，仿佛写了一句"某某到此一游"。

白天，雪花纷纷扬扬地落下。下完雪后，书页又变得洁白如新。

第二天清晨，走出去一看，你会发现洁白的书页上印满了各种各样神秘的符号：有圆点、线条、逗号，还有一些看不懂的图案。这些神秘的符号和图案表明，夜里许多林中居民曾经到这里玩耍。它们在这里走来走去，蹦蹦跳跳，也许还做了一些别的事情。

是谁来过这里？它们究竟做了一些什么事？

最重要的是，要抓紧弄清楚这些难懂的符号和图案，解读出这些神秘的字句。不然，再下一场雪，眼前的这一切又会消失，再次变成一张平整、干净的白纸，就像有谁把书翻了一页似的。

怎么读书？

在冬天的书页上，每一位林中居民都用自己独特的"笔迹"，写下了各式各样的内容。人们正在学习用眼睛辨认这些符号。如果不用眼睛读，还能用什么读呢？

但是，动物与人不同，它们会用鼻子读。比如狗，狗就常常依靠嗅觉来解读书中的内容。它用鼻子闻一闻，就知道"这里有狼来过"，或者"刚才有一只兔子从这里跑过"。

嗅觉灵敏的动物都能快速解读出书中的内容，而且绝对不会出错。

怎么写字？

大部分野兽是用爪子写字的。它们有的用五个脚指头写字，有的用四个脚指头写字，有的用蹄子写字。不过，也有的野兽会用尾巴写字，还有用鼻子、肚皮之类的部位来写字的。

大部分鸟儿是用爪子和尾巴写字的，也有的鸟儿是用翅膀写字的。

楷体字和花体字

我们的驻林地记者学会了如何阅读这本冬天的书，他们从这本书中读到了森林里发生的各种故事。不过，掌握这门技能可不是一件容易的事。原来，森林居民写字的时候并不都是规规矩矩的，它们才不会一笔一画地写楷体字，它们有的也写花体字。

松鼠的字算是中规中矩的，很容易辨认和记忆。它在雪地上蹦蹦跳跳，像我们玩跳背游戏似的。它跳跃的时候，会用短短的前腿支撑，长长的后腿远远地伸着，并且大大地叉开。所以，松鼠前脚留下的脚印短，是两个并排的圆点。后脚留下的脚印长，彼此分开，仿佛两个摊开的小手掌，伸出了细细的手指头。

老鼠的字虽然很小，但是书写简单，也很普通，非常容易辨认。它从雪地里爬出来的时候，常常先兜一圈儿，然后径直跑向它要去的地方，或者回到自己的洞里。这样，它会在雪地里留下一长串的冒号，而且冒号和冒号之间的距离都是均等的。

飞鸟的"笔迹"也很容易辨认。就拿喜鹊来说，喜鹊的三个前脚指头在雪地上留下小小的十字形，后面第四个脚指头印下的是破折号——一个笔直的短线。十字形的两边是翅膀上的羽毛留下的痕迹，好像手指印一样。而它那羽尖参差不齐的长尾巴，免不了在雪上扫过。

这些字都是老老实实写下的，没有耍什么花招儿，一眼就能看得出来：这是一只松鼠从树上爬下来，在雪地里蹦跳了一阵，又回到树上去了；这是一只老鼠从雪底下钻出来，跑了一阵，兜了几个圈儿，又钻回洞里去了；这是一只喜鹊落了下来，用嘴啄着雪面上硬硬的冰，尾巴在雪地上拖着，用翅膀扑打着地面上的积雪，然后飞走了。

但是，想辨认出狐狸和狼的"笔迹"可就有点儿麻烦了。因为不常见，你肯定会被弄得糊里糊涂。

小狗和狐狸、大狗和狼

狐狸的脚印和小狗的脚印很像，不过它们之间还是有点儿区别——狐狸会把爪子缩成一团，脚掌收紧，几个脚指头紧紧并拢，因此狐狸的脚印是缩着的；狗的爪子看上去是张开的，因为它的脚印浅一些，看起来松散且轻巧。

狼的脚印很像大狗的脚印。不过，它们之间也有点儿区别——狼的脚掌从两侧往里收，所以狼的脚印看上去比狗的脚印长一些，秀气一些。狼爪和它脚掌上那几块小肉疙瘩，在雪地里印得也深一些。狼的前爪印在雪地上往往是合并在一起的。狗仅仅是脚掌上的小肉疙瘩是合并在一起的（图中有三种脚印：狐狸脚印、狗脚印和狼脚印，请你比较一下）。

这是"看图识字"。

总体来说，一行行的狼脚印是特别难辨认的，因为狼喜欢耍花招儿，总是把自己的脚印弄乱。当然，狐狸也会这样做。

狼的花招儿

当狼一步步往前走，或者跑起来的时候，它的右后脚总是准确地踩在左前脚的脚印里，左后脚总是准确地踩在右前脚的脚印里。因此，它的脚印像一条长长的直线，像有一条绳子绷在那儿，它是踩着绳子走或者跑的。

也许你看了这样一串脚印，会解读出："有一只壮实的狼从这里走过去。"

如果你是这样想的，可就犯大错误了！正确的解读应该是："有五只狼从这里走过去。"走在最前面的是一只聪明的母狼，它后面跟着一只老狼，老狼后面还跟着三只年幼的小狼。

它们是踩着母狼的脚印一步一步向前走的，而且走得非常整齐，非常具有迷惑性，以至于你根本不会想到这是五只野兽的足迹。因此，想要成为一名白色小路[1]上出色的足迹辨识者，就得好好练一练眼力。

树木过冬

严冬会把树木冻死吗？当然会！

假如整棵树包括中心部位都结冰了，它就会死亡。在寒冷的冬季，我们这里不少树木都会被冻死，而且其中大部分是小树。好在每棵树都有自己的御寒妙计，它们都有各自的方法储存热量，防止寒气侵入体内。不然的话，它们都得被冻死了。

不论是吸收养分还是生长、繁育后代，都需要消耗大

---

[1] 白色小路：雪地，猎人们都是这样称呼雪地的。

量的能量，也就是付出自己的热量。所以，树木会在夏季尽全力积蓄能量，快到冬季的时候就进入休眠期。它们停止吸收营养，停止生长，不再消耗能量去繁殖后代。在冬季，它们停止了一切活动，进入深沉的睡眠状态。除了进入睡眠状态，树木还抛弃身上的东西。

叶子会排出树木的许多热量，所以到了冬天，叶子会被树木抛弃。树木会从自己身上甩掉叶子，和它们断开关系，以便在体内储存维持生命所必需的热量。而且，从树上坠落到地面上的树叶，会慢慢腐烂，腐烂过程中产生的热量能保护柔弱的树根，让树根免受严寒和冰冻的侵袭。叶子即使落了下来，也还在保护着树木。

不仅如此，每一棵树都有保护植物躯干、抵御严寒的铠甲。每年，当夏季来临的时候，树木都在树干和树枝的皮下储备多孔的韧皮组织——这是无生命的填充层。韧皮组织不透水，也不透气。空气滞留在它的细孔内，以免树木躯体散发多余的热量。树龄越老，它的皮下韧皮组织就越厚。这也是老而粗壮的树木比年轻的、枝干较细的树木更加耐寒的原因。

只有韧皮组织这副铠甲还不够。如果严寒连这道防线也能攻破，那么它还会遭遇植物体内化学物质的有效抵御。在冬季到来之前，树木身体里的汁液积蓄了各种盐分和能转化为糖的淀粉，而含有盐和糖的溶液是十分耐寒的，因此可以有效抵御寒冬的侵袭。

不过最好的防御装备是松软的雪被。大家都知道，细心的园丁们故意把怕冷的小果树弯到地上，用雪把它们埋起来，这样小果树就会觉得暖和一些。

在多雪的冬季，厚厚的白雪像一床羽绒被，把森林覆盖了起来。这时，不管天气有多冷，树木都不会害怕了。

所以，不管严寒怎样肆虐，都冻不死我们的北方森林！

我们的"森林王子"面对一切暴风雪的侵袭，都巍然屹立。

雪下的牧场

四周是白茫茫的一片，积雪很厚，大地上除了皑皑白雪外，其他什么都没有。花儿早已凋谢，草儿也早已干枯。这时，你的心中不免会觉得伤感。

人们时常这样安慰自己："哎，算了吧，有什么办法呢，大自然就是这样安排的！"

然而，事实证明，我们对大自然的了解还是太少了！

今天天气晴朗，万里无云，我就借着这个好天气，蹬着滑雪板，滑到我的牧场里，打算清除试验田上的积雪。

我把积雪清除干净，太阳照亮了整个牧场的花草。它照亮了一簇簇紧贴在冰冻的地面上的嫩绿小叶子，照亮了从枯草皮下钻出来的、新鲜的嫩芽，照亮了被积雪压倒在地的各种绿色草茎。[1]

在这些植物中，我找了一株毛茛。冬季来临之前，它一直在开花。现在，它所有的花朵和花蕾都在积雪下保存完好，静静地等待春天的到来，就连花瓣都没有散落！

你们知道我的试验田里有多少种不同的植物吗？一共有 62 种植物！其中 36 种植物至今仍是绿色的，还有 5 种植物正在开花。

现在，你还敢说我们的牧场在正月里没有花、没有草吗？

——尼·巴甫洛娃

---

[1] 本书加"〜〜〜"段落均为经典段落，建议细细品读。

阅读感悟

　　严寒肆虐的冬季往往让人有肃杀之感。可是天寒地冻也遮不住森林的勃勃生机。小动物们在冬日大地上留下大大小小、深浅不一的"笔迹"，沉静的植物们也焕发着顽强的生机。在严冬中，森林居民们默默积蓄力量，无畏地迎接严寒的挑战；在生活中，我们面对逆境也要安之若素、积极面对。

林中大事记

导读

　　从白雪覆盖的小路上，《森林报》的记者们敏锐地察觉到森林里发生的趣事。他们如同侦探一般，通过动物们留下的踪迹来推测发生的事件。例如，小狐狸的冒失捕食、獾的可怕脚印、藏身于雪底的鸟群、雪地爆炸事件等。通过对林间事件的记载，他们揭开了森林奇妙而有趣的一面。

　　下面发生的这几件事，都是我们的驻林地记者从白雪覆盖的小路上读到的。

冒失的小狐狸

一只小狐狸在林间的空地上，发现了老鼠留下的几行"小字"。

这个发现让它心花怒放，它心想："这下可算有东西吃了！"

粗心大意的它也没有用鼻子好好"读一读"这几行字，判断一下是谁来过这里。它只是匆匆看了几眼，就急急忙忙下了结论：噢，原来脚印是通到那里去的，一直通到灌木丛中。

于是，它悄悄地向灌木丛走去。

它看见雪里有一个小兽在蠕动，一身灰不溜丢的毛皮，还拖着一条小尾巴。它想也没想，一下子扑上去，抓住了这个小东西，接着就是一口——咔嚓！[1]

呸！呸！呸！好恶心哪，真臭！它连忙吐出小兽，跑到边上吞了几口雪，想用雪把嘴巴洗干净。那个气味可真难闻哪！

就这样，小狐狸的早饭没有吃成，倒是白白地咬死了一只小兽。

---

[1] 见插图一。

原来，那只小兽不是老鼠，而是一只鼩鼱[1]。

远远看着，它像是一只老鼠，不过一旦走近点儿，一眼就可以辨认出来，那是臭味十足的鼩鼱。鼩鼱的嘴长长地向前伸着，是凸出来的，脊背则是弓起来的。它属于食虫类动物，和鼹鼠、刺猬是近亲。但凡有经验的野兽都不敢靠近它，因为它浑身散发着一股刺鼻的气味，像麝香一样，臭得很。

小狐狸对此一无所知，所以吃了大亏。

可怕的脚印

我们的驻林地记者在树下发现了一串脚印，这串脚印并不大，大小跟狐狸的脚印差不多，但是爪印又长又直，像钉子似的，看了简直叫人害怕。如果谁的肚皮被这样的爪子抓一下，保证连肠子都会被掏出来。

记者小心翼翼地顺着这行爪印走，一直来到了一个大洞穴旁边，洞穴口的雪地上还散落着细碎的兽毛。他们走

---

[1] 鼩鼱（qú jīng）：哺乳动物，身体小，外形像老鼠，头部和背部呈棕褐色，吻部尖细，能伸缩，齿尖呈红色。它们多生活在山林中，以捕食虫类为生，也吃种子和谷物。

过去仔细研究，发现兽毛细细的、直直的，质地相当硬，而且这些兽毛还是有弹性的，颜色黑白相间，末端是黑色的。人们常用这样的毛制作毛笔。

记者马上明白了：住在这个洞里的动物是獾。獾是一个狡猾阴沉的家伙，不过并不可怕。它可能只是趁着暖和的化雪天，出来散步了。

白雪覆盖的鸟群

一只兔子在沼泽地上蹦蹦跳跳。它从一个个草墩上跳过去，突然砰的一声，它从草墩上滑落，跌进了厚厚的雪地里。

就在这时，兔子感觉到雪下好像有什么东西在动弹。刹那间，在它周围，随着翅膀振动的声音，一群鸟儿从雪底下拍打着翅膀飞出来。兔子受到惊吓，一溜烟儿跑回了林子里。

原来，它遇上了一群柳雷鸟，它们住在沼泽地的雪地里。白天，这些鸟儿飞到外面玩耍，在雪地里活动，用喙挖掘觅食，吃饱后又钻进雪地里休息。

它们在雪底下既暖和又安全，谁也不会想到它们会藏在那里。

雪地里的爆炸和获救的鹿

这是一个本报记者猜了很久都没有猜透的故事，同样，这个故事也是在雪地里由足迹书写的。

起初，雪地上只是出现了一行又小又窄的蹄印。从延伸的足迹上看，它的步子走得十分安稳。想要解读这行"字"并不难：有一只母鹿在森林里安稳地走着，没有察觉到灾难即将降临。

突然，这些蹄印旁边出现了许多硕大的爪印。于是，母鹿的蹄印也显示出蹿跳的迹象。这不难看出：这只正在散步的母鹿突然发现了丛林里出现了一只狼，这只狼正朝它扑过来，母鹿撒开脚步，飞快地从狼身边逃走了。

再往前走，狼的爪印离母鹿的蹄印越来越近了。显然，这只狼就快要追上母鹿了。

在一棵倒下的大树边，这两种印迹完全搅在一起了。看来，在这千钧一发之际，母鹿纵身一跃，跳过了这棵歪倒的大树。狼也不甘示弱，紧跟在母鹿的后面追了过去。

树干的另一侧有一个深坑，深坑里的积雪也被搅得乱七八糟，雪向四周飞溅，雪底下就像有一颗大炸弹爆炸了似的。

不过，从这里开始，母鹿的蹄印和狼的爪印就分开了，它们各向一个方向延伸出去。这当中不知从哪里出现了一种巨大的脚印，很像人赤脚走过留下的脚印。不过这脚印带有歪歪斜斜的可怕爪痕。

这雪地里埋着一颗什么样的大炸弹哪？这可怕的脚印是谁的？狼和母鹿为什么要分道扬镳？这里到底发生了什么事？

为了弄清楚这些问题的答案，我们的记者可没少花时间。经过一番苦苦思索后，他们终于弄清楚了这些巨大的脚印是什么动物的。至此，一切都水落石出了，所有的问题也都迎刃而解了。

母鹿凭借它四条有劲的腿，轻而易举地跳过了横在地上的树干，向前奔去。狼也试图跟着它跳过去，不过它没能像母鹿一样跃过去。狼的身体不够轻盈矫健，扑通一声从大树干上滑下去，掉在了雪里。更巧的是，它的四只脚一齐插进了大树干下的熊洞里。

这时，洞穴里的熊正睡得香甜，酣睡的它突然被这些动静吓了一大跳。于是，它猛地跳起来。周围的雪和树枝被搅得一塌糊涂，仿佛被大炸弹炸过似的。熊起身后，飞似的向树林深处逃跑，它大概以为是猎人打猎来了。

狼一个跟头跌落在雪地里，又看见这么一个高大雄壮的家伙，早把母鹿抛在了脑后，只顾得仓皇逃命去了。

而那只散步的母鹿，早就逃得无影无踪了。

雪海底部

对于生活在田野和森林里的动物们来说，没有比碰上初冬时节的少雪天气更糟糕的事情了。

这时候，地面上光秃秃的，冻土层却越来越厚。地洞里变得很冷，鼹鼠也因此吃尽了苦头。冻土硬得像石头，它那当铁锹用的脚爪，挖起冻土来费劲极了。那么，老鼠、田鼠、伶鼬、白鼬这些小动物又该怎么办呢？

好不容易盼来了一场大雪，雪花纷飞，下个不停。地上的积雪不再融化，到处是一片茫茫白雪，干燥的雪海覆盖了整个大地。如果人踩在这雪海里，雪一定会没过膝盖。那些花尾榛鸡、黑琴鸡，甚至松鸡，都连头带脚地钻到雪海里。老鼠、田鼠、鼩鼱——所有不冬眠的穴居小动物都从自己地下的房子里钻了出来，在雪海里跑来跑去。凶猛的伶鼬就像一头不知疲倦的小海豹，在雪海里钻来钻去。有时候，它跳出雪海待一会儿，朝四周望望，看看有没有花尾榛鸡在雪海里露头儿，然后又一下猛扎回雪海里，神不知鬼不觉地在雪海下悄悄靠近猎物。

雪海下面比雪海上面暖和很多，严冬的气息——刺骨的寒风是吹不到这里的。这里有一层厚厚的雪毯子，遮挡着严寒，不让严寒靠近。穴居的老鼠就是把自己的冬巢筑在雪海底下，犹如在冬季的别墅避寒。

瞧，还有这样的事！一对短尾巴田鼠在地面上用细草和绒毛筑成的小窝，就架在覆盖着雪的灌木枝上，小窝里还在向外冒着轻微的热气呢。

这个筑在厚厚积雪下的暖和小窝里，竟然有几只刚出生的小田鼠，它们还没睁开眼睛呢，也没有长出毛，浑身光溜溜的。要知道，这时外面的气温已经是零下二十摄氏度了，冷得很！

冬季的中午

在一月，一个阳光明媚的中午，白雪覆盖的森林里寂静无声。一头熊正在自己隐秘的洞穴里酣睡。在熊的头上，是被雪压得弯下腰的灌木丛和乔木的枝叶。这些灌木丛和乔木的枝叶之间有错落的缝隙，仿佛搭建出一个个童话故事中富丽堂皇的建筑——有拱顶、空中走廊、台阶、窗户，还有尖屋顶的塔楼。这一切都在阳光下闪闪发光，数不尽的小雪花闪耀着钻石般的光芒。

一只玲珑小巧的鸟儿像刚刚从地底下钻出来似的，突然从白雪中跳了出来。它的小嘴巴尖尖的，像一把小锥子，小尾巴向上翘着。它轻轻地扑棱翅膀，飞到云杉顶上，发出一连串悠扬婉转的啼鸣，传遍了整个树林。

这时，在白雪形成的拱门下，一个地窖的小窗口中，露出一双绿眼睛，半睁半闭的样子。难道是春天提前到来了？

其实，这是熊的眼睛。熊总是在自己洞穴的墙壁上留一扇小窗户，它从哪一面进洞去睡觉，这扇小窗就开在哪一面。这样，它就能随时知晓森林里发生了什么事。还好，没有什么意外发生，在钻石般的小房子里，一切平平安安的。于是，那双眼睛从窗口消失了。

在结冰的树枝上，一只鸟儿胡乱蹦跶了一阵，又钻回雪毯子下的树根里去了，那里有它用柔软的苔藓和绒毛做成的温暖巢穴。

📖 阅读感悟

生活中并不缺少美，而是缺少发现美的眼睛。《森林报》的记者们具有敏锐的观察力和强烈的好奇心，因此才发现了白雪掩盖下如此丰富多彩的森林。我们在生活中也要保持对世间万物的好奇心，并积极地去发现平凡生活中的不凡之处。

农庄纪事

导 读

　　在严寒的冬季，除了森林里有趣的动植物，农庄里的人们也经历着忙碌而充实的冬季生活，他们采伐木材、检查庄稼苗、用耕雪机耕雪、栽种树苗……其中耕雪这项活动较为特别，小读者们赶紧阅读、一探究竟吧！

集体农庄新闻

　　在严寒的冬季，树木都沉睡了，动物们也进入了冬眠。树干里的血液——树液也都冻结了。树林里，锯子的声音响个不停。整个冬天，人们都在不停地采伐木材。冬天采伐的木材，质量是最上等的，因为这时的树木既干燥又结实。

锯下来的木材得先搬运到河流边，这样木材才能在春天到来时，随着解冻的河水漂流出去。因此，人们把水浇到积雪上，修出几条宽阔的冰路。

农庄庄员们正在迎接春季的到来，他们在选种子和检查庄稼苗。

原本住在田野里的一群灰山鹑，它们现在住在打谷场附近，常常飞到村庄里找食物。[1]积雪很厚，对它们来说，扒开积雪寻找食物可不是一件容易的事。就算是扒开了积雪，下面还有一层厚厚的冰，要用它们那细弱的爪子敲开冰壳，更是难上加难了。

因此，冬天捉灰山鹑会非常容易，但这样做是犯法的，因为法律禁止人们在冬天捕捉无助的灰山鹑。

聪明心细的猎人不会在冬季捕猎它们，甚至还会喂养它们。他们在田野里给灰山鹑设立了"食堂"——用云杉树枝搭起许多小棚子，小棚子底下撒了些燕麦和大麦。

这样，这些美丽的鸟儿就不会在最难熬的冬季死于饥饿了。到了来年夏天，每一对灰山鹑至少能孵育出 20 只灰山鹑。

---

[1] 见插图二。

耕雪机

昨天，我去闪光集体农庄，看望我以前的一位同学——拖拉机手米沙。米沙的妻子给我开了门，她特别爱打趣别人。

"米沙还没有回来呢，"她说，"他正在田里耕地！"

我心想：又跟我开玩笑。不过，这玩笑未免开得有点儿太幼稚了。就连托儿所里刚学会走路的孩子都知道，冬天是不能耕地的。

于是，我也打趣地回答道："他是在耕雪吗？"

"不耕雪耕什么？当然是耕雪呀！"米沙的妻子也笑着回答我。

于是，我就去地里找米沙。说来也奇怪，我确实是在地里找到他的。那时，他正开着一台拖拉机，拖拉机后面拖着一只长长的木箱子。木箱子把雪拢起来，做成一堵很结实的高墙。

"这是用来干吗的，米沙？"我问。

"这是挡风用的雪墙。要是不堆这道墙，风就会满地里刮来刮去，把雪全给吹跑了。要是没有雪，秋播的谷物就会被冻死，必须把地里的雪保留住。所以，我正在用我的耕雪机耕雪呢！"

冬令时的生活

现在，农庄里的牲口都按照冬令时的作息表生活。不论是睡觉、吃饭、散步，都要按时进行。下面是4岁的农庄庄员玛莎对我们说的话：

"现在，我和小朋友们来到了幼儿园。这个时候，奶牛和马也到了幼儿园。我们去散步的时候，它们也会去散步。我们回家的时候，它们也回家了。"[1]

绿　带

沿着铁路线，站着一排挺拔的云杉树，有好几公里长。这条绿带保护着铁路，不让风雪把铁路掩埋起来。每年春天，铁路工人都要栽种好几千棵小树，以便延长、加

---

[1] 见插图三。

宽这条绿带。今年，他们种下了十多万棵云杉、洋槐和白杨，还有将近三千棵果树。铁路员工还在自己的苗圃里培育了各种树苗。

——尼·巴甫洛娃

📖 阅读感悟

　　农庄的人们都很注重保护环境，并与自然和谐相处。虽然冬天捉灰山鹑非常容易，可是聪明细心的猎人不但放弃了捕猎，还为灰山鹑设立"食堂"，以免它们挨饿。农民们还会用耕雪机筑成一道雪墙保护庄稼，铁路工人们则栽种成千上万的树苗阻挡风雪。我们在生活中也要爱惜自然、保护环境，尊重大自然的规律。

都市新闻

导 读

　　都市不仅是人类的居住地，也是动植物的家园之一，聚集着许多的动植物。例如，冬天的埃及是鸟儿过冬的乐园，鸟儿在那里悠闲地生活着。许多地方也被划为自然资源保护区，使动植物们在保护区就可以幸福地生活。

光脚在雪上爬

　　在阳光明媚的日子，温度表的水银柱升到了零摄氏度时，在花园里、林荫路上和公园里，从雪底下爬出许多没有翅膀的小苍蝇。

　　它们整天在雪上爬来爬去，一到黄昏就又藏到冰缝里去了。它们就爱住在那些僻静、相对暖和的角落里，尤其是在落叶和苔藓的下面。

它们爬过的地方，并没有在雪上留下脚印。因为这些爬来爬去的小虫子身体非常小、非常轻，只有用倍数很大的放大镜才能看清楚它们的模样——头上长着奇怪的犄角，长长的嘴巴向前突出，还长有纤细赤裸的腿脚。

国外的消息

我们《森林报》编辑部收到了一些国外来的消息，是关于我们的候鸟生活详情的消息。

我们这里出名的歌手——夜莺是在非洲中部过冬的，百灵鸟住在埃及，椋鸟分批到了法兰西南部、意大利和英国旅行。

它们在那里并不唱歌，只是忙着照顾自己，填饱肚子。它们不筑巢，也不孵化雏鸟，它们就在那里静静地等着春天的到来。等到那时，它们就可以飞回故乡了。常言道："客行虽云乐，不如早旋归。"

轰动南非的大事

在非洲南部，发生了一件轰动一时的大事。一群白鹳[1]忽然从天空中飞落下来，人们发现这群白鹳之中，有一只白鹳脚上戴着白色的金属环。人们把这只戴着金属环的白鹳捉住，看到了金属环上刻的字："莫斯科，鸟类学研究委员会，A 组第 195 号。"

这件事情在很多报刊上都刊登了。随着这则消息在报纸上刊载，我们就知道了前些时候被我们记者捉住的那只白鹳冬天住在什么地方。[2]

科学家用这种给鸟戴脚环的方法，得知了许多关于鸟类生活的秘密，如它们在什么地方过冬，它们长途飞行的路线，等等。

世界各国都有鸟类学研究委员会，各个委员会都会用铝制作各种大小不同的脚环，在环上面刻上发放脚环的委员会名称，还刻上了组别（按尺寸大小分组）和号码。如果有人捉住或打死了这种戴着脚环的鸟儿，应当按照脚环上刻的名称通知那个委员会，或者在报刊上刊登自己发现

[1] 白鹳（guàn）：鸟类，外形像白鹤，嘴长而直。生活在水边，捕食鱼、虾等。
[2] 参阅《森林报》秋一月里的林区电报内容。

的情况。

埃及的鸟类聚会

  冬天的埃及是鸟儿过冬的乐园。这里有壮阔的尼罗河，它的支流无数，河滩上满是淤泥。尼罗河有着迤逦曲折的河岸，还有肥沃的河湾草地和田野，处处是肥沃的牧场和农田，处处有咸水的和淡水的湖泊与沼泽。温暖的地中海，海岸线弯弯曲曲，形成星罗棋布的天然海湾——这些地方，到处都有丰富的食物，可以款待千千万万前来觅食的鸟儿。

  夏天，这里本来已经聚集了无数的鸟儿，一到冬天，我们的候鸟也会飞到这儿来凑热闹。这拥挤热闹的情形是难以想象的——在湖上和尼罗河的支流上，密密麻麻地聚集着各类鸟儿，一眼望去，连水面都看不见了，好像全世界的鸟儿都聚集在这儿似的。嘴巴下长着大肉袋的鹈鹕[1]，

---

[1] 鹈鹕（tí hú）：鸟类，喙长，喉囊发达，适于捕鱼，但不储存鱼。主要栖息于湖泊、江河、沿海和沼泽地带。常成群生活，善于飞行，善于游泳，在地面上也能很好地行走。

和灰野鸭、小水鸭一起捉鱼吃。我们的鹬[1]在长着漂亮红羽毛的长脚火烈鸟腿间踱来踱去。要是出现了羽毛斑斓的非洲乌雕，或者我们这里的白尾金雕时，它们就会四散逃窜。

如果这时有谁往湖上放一枪，密密麻麻的鸟儿就会成群起飞。它们发出的喧嚣声就像同时击打几千面鼓发出的响声，刹那间，整个湖面都会笼罩在浓重的黑影里，因为飞起的鸟群会像乌云一样，把太阳光遮住。

我们的候鸟就这样在它们的冬季居所里悠闲地生活着。

自然资源保护区

在我国幅员辽阔的土地上，也有鸟儿的乐园，一点儿也不比非洲逊色。许多生活在水中和沼泽地的鸟儿在那里过冬。就像在埃及一样，在那里你也会看见成群的鹈鹕、火烈鸟、野鸭、大雁、鹬、海鸥，还有各类猛禽杂居在

---

[1] 鹬（yù）：鸟类，羽毛多为沙灰色、黄色、褐色等，喙细长而直，足长，适合涉行浅水、泽地。见食昆虫、蠕虫或其他水生动物。

一起。

我们说的是冬季。可是那里恰恰没有丝毫冬天的景象，没有皑皑白雪，没有寒气逼人的气候，更没有肆虐的暴风雪。在温暖的海岸，水藻丛生的浅水里、芦苇荡里和沿岸的灌木丛里，在宁静的草原和湖泊里，一年四季都充满了鸟儿的食物。

这些地方被划为自然资源保护区，禁止猎人到此捕猎，不论是普通鸟儿还是到这里休息的候鸟都受到保护。

📖阅读感悟

　　阅读了"都市新闻"，我们知道了在自然资源保护区里，不仅气候适宜，还有丰富的食物，鸟儿在保护区里可以自由自在地生活。划定自然资源保护区，在一定程度上保护了鸟儿的繁衍。动物是人类的好朋友，保护它们，也是保护人类自己。

天南地北无线电通报

导 读

  在今年的最后一次无线电通报中，各地都向《森林报》编辑部发来了他们那里的寒冬景象。北极进入极夜，神奇的北极光变幻着各种颜色；原始森林里，熊已经躲进洞穴冬眠了；高加索山区，山上下着雪，山下却下着雨。在各地的冬季里，还有什么神奇的景象？快往下阅读吧！

注意！请注意！

这里是列宁格勒广播电台，《森林报》编辑部。

今天是 12 月 22 日，冬至。现在，我们为大家播放今年最后一次广播——来自苏联各地的无线电通报。我们呼叫冻土带、草原、森林、沙漠、高山和海洋都来参加这次无线电联络。

现在正值隆冬，今天是一年之中白昼最短、黑夜最长的一天，请告诉我们，现在你们那里发生了什么事？

请收听！请收听！

北冰洋极北群岛广播电台

今天，是我们这里一年中黑夜最长的一天。太阳已经向我们告别，落到大洋后面去了，在下个春天来临之前，太阳再也不会出来了。

大海被冰层覆盖起来，我们这里大小岛屿的冻土上也到处是冰雪。

冬季，有哪些动物还留在我们这里过冬呢？

在北冰洋的冰底下生活着海豹。趁冰还比较薄的时候，它们就在冰面上给自己开了通气孔和出入口，它们会尽力使这些通气孔保持畅通。如果有薄冰把通气孔封上，它们就会马上用嘴撞开。海豹通过这些通气孔呼吸新鲜空气，有时也会爬出来，到冰上面休息，或者打个盹儿。

这时，公白熊会偷偷向它们逼近。公白熊跟母白熊可不一样，它们不冬眠，不会整个冬季都钻到冰窟窿里睡大觉。

冻土带的冰雪下面，生活着短尾巴旅鼠，它们在雪底下挖了一条条通道，啃食那些埋在雪里的细草。这时候，一身雪白的北极狐就会来找它们，用鼻子追踪它们，把它们从雪底下刨出来。北极狐还会捕猎野禽，比如冻土带的山鹑。当它们钻进雪里睡觉的时候，嗅觉灵敏的北极狐就会毫不费力地偷偷逼近，将它们捕获。

冬季，我们这儿就没有别的鸟兽了。驯鹿在冬季来临之前就千方百计地从岛上离开了，沿着冰原向原始森林迁徙。

如果这里一直是夜晚，漆黑一片，没有阳光，我们怎么能看得见呢？

其实，我们这里就算没有太阳，也挺亮的。首先，月亮会按时升上夜空，照亮大地。其次，明亮的北极光也会经常出现，在天空闪烁着。

神奇的北极光不断地变幻着颜色，有时像一条飘动飞舞的彩带，沿着北极方向的天空铺展开来，有时像一道瀑布似的直泻而下，有时像一根根柱子或一把把利剑直冲云霄。[1]在流光溢彩、光芒四射的天空下，是一片皑皑白雪。这时，北极就会变得和白昼一样明亮。

冷吗？当然冷，而且冷得彻骨。这里不仅刮着大风，还会有暴风雪。那个暴风雪是真厉害呀，把我们的小屋子都埋在了雪里，我们已经连续一个星期都不敢出门了。

不过，什么都吓不倒我们。我们一年又一年向北冰洋进军，越来越深入北极腹地。勇敢的北极探险队员其实早就开始研究北极地区了。

顿河草原广播电台

我们这里也要下小雪了。不过无所谓，反正我们这里的冬天不长，也不怎么冷，甚至并不是所有的河流都会结冰。野鸭从各处的湖泊飞到这里来，来了就不想再往南飞了。从北方飞到我们这里的白嘴鸦，逗留在小镇和城市各处。它们在这里能找到足够的食物过冬，可以一直住到3月中旬，到那时再飞回故乡去。

在我们这里过冬的，还有从遥远冻土带飞来的客

---

[1] 见插图四。

人——雪鸮、角百灵及巨大的白色北极雪鸮[1]。北极雪鸮在白天捕猎，否则夏季它在冻土带怎样生活呢？因为那时，一整天都是白昼哇！[2]冬季，茫茫草原上覆盖着白雪，人在地里没有活儿可做。但是在地底下，我们的活儿可多着呢：在深深的矿井里，我们正忙着用机器挖煤，用电力升降机把煤送上地面，再用火车把煤送到全国各地、送到大小工厂里去。

新西伯利亚原林广播电台

原始森林里的雪越积越厚了，猎人们踩着滑雪板，成群结队地进入森林，他们身后拖着装有食物和其他生活必需品的轻便雪橇。许多猎狗跑在他们前面，这些猎狗都是北极犬，竖着尖尖的耳朵，长着一条用来掌握方向的蓬松的卷尾巴，它们是莱卡狗。

原始森林里，有许多浅灰色的松鼠、珍贵的黑貂、皮

---

[1] 雪鸮（xiāo）：体形较大的鸮类，是一种大型猫头鹰，分布在高纬度和高海拔的寒冷地区，通体几乎纯白色，体羽端部近黑色，因而在头顶、背部、双翅、下腹遍布黑色斑点。全天可活动，主要捕食旅鼠，也捕食野兔、鸥和鸭等。

[2] 见插图五。

毛丰厚的猞猁、雪兔和硕大的驼鹿，以及红棕色的黄鼠狼，它的毛可以做画笔。还有白鼬，旧时它的毛皮用来缝制沙皇的皇袍，现在用来给孩子做帽子。也有许多棕色的火狐和玄狐，还有许多可口的花尾榛鸡和松鸡。

熊早已在自己的隐秘洞穴里呼呼大睡。

猎人们在森林里一待就是好几个月，他们在过冬用的小窝棚里过夜，整个短暂的白昼都忙着捕捉各种野兽和野禽。他们的莱卡犬跟着他们，在林子里东奔西跑，到处搜寻猎物的踪迹，用鼻子、眼睛、耳朵找出松鸡、松鼠、黄鼠狼和驼鹿，以及那些睡得正香的熊。

猎人们回家的时候，身后的轻便雪橇上就载满了沉甸甸的猎物。

卡拉库姆沙漠广播电台

在春秋两季，沙漠并不荒凉，处处充满生机。

在夏冬两季，沙漠里却死气沉沉。夏天，酷热难耐，鸟兽在沙漠里找不到食物；冬天，寒风刺骨，鸟兽在沙漠里也找不到食物。

一到冬天，飞禽飞走了，走兽也跑掉了，它们都在逃离这可怕的地方。就算南方灿烂的阳光照耀着这无边无垠的、白雪覆盖的渤海，也是徒然，没有飞禽也没有走兽为这朗朗晴空而欢欣雀跃。纵然太阳会晒热积雪，但雪底下也只是毫无生命的黄沙。乌龟、蜥蜴、蛇、昆虫，甚至热血动物——老鼠、黄鼠、跳鼠等，都深深地钻进沙子里去，冻僵了。

狂风在旷野里肆意游荡，没有谁来阻拦它。在冬季，风是沙漠的主人。

不过，这种情形不会永远持续下去。人们正在征服沙漠：开河筑渠、植树造林。现在，不论是在夏季还是冬季，沙漠再也不会死气沉沉的了。

请收听！请收听！
高加索山区广播电台

在我们这里，夏季既有冬天也有夏天，同样，冬季既有冬天也有夏天。

即使在夏季，像我们的卡兹别克山和厄尔布鲁士山这样傲然耸入云端的高山上，炎热的阳光也照不暖恒久存在的冰雪。同样，即使在冬季，严寒也征服不了层峦叠嶂保护下鲜花盛开的谷地和海滨。

冬季将岩羚羊、野山羊和野绵羊逐下了山巅，却无法再将它们往下驱赶了。冬季，山上开始下雪，而山下的谷地里却降下了温暖的雨。

在我们的果园里，我们刚刚采摘下橘子、橙子和柠檬。在我们的花园里，还盛开着玫瑰，蜜蜂还在嗡嗡飞舞。在向阳的山坡上，第一批春花开放了，有绿色花蕊的白色雪莲花和黄色的蒲公英。

在我们这里，一年四季鲜花盛开，一年四季母鸡都下蛋。

冬季来临，这里的飞禽走兽开始挨饿受冻的时候，它们也用不着远走高飞，只要从山顶到半山腰、山脚或谷地里，就可以找到食物和温暖的住所。我们高加索庇护了多少飞行的来客——躲避北方寒冬而流浪的避难者！到这里来过冬的有苍头燕雀、椋鸟、云雀、野鸭和长嘴的丘鹬，它们在这里过上了温饱的生活。

尽管今天是冬至，是一年之中白昼最短、黑夜最长的一天，可是再过几天就是白天阳光灿烂、夜晚满天繁星的元旦了。

在我国的一端——北冰洋，我们的朋友们连门都出不了，因为那里暴风雪肆虐，天寒地冻。可是，在我国的另一端，我们出门连大衣都不用穿，只穿一件薄衣服就觉得挺暖和的。我们观赏着高耸在空中的群山，一弯细细的月牙儿，悬挂在万里无云的晴空。在我们的脚边，宁静的大海荡漾着碧波，轻轻地拍打着岩石。

黑海广播电台

今天，黑海的波浪轻轻地拍打着海岸，在温柔的微波荡漾中，沙滩上的鹅卵石滚动着，唱着懒洋洋的催眠曲。暗沉沉的水面上，映出一弯细细的月牙儿。

在秋季，暴风雨来临时，大海躁动不安起来，白浪滔天，狂涛怒浪疯狂地冲击着岩石，轰隆隆地吼叫着，远远地飞溅到岸上。冬季一到，大风就很少来骚扰我们了。

黑海没有真正的冬季，只是海水稍微变凉一点儿，仅有北部沿岸的海面会结一点儿冰。我们的大海一年四季在狂欢，整年荡漾着波浪，活泼快乐的海豚在海里嬉戏着，鸬鹚[1]在水里钻进钻出，白色的海鸥在海上飞翔。[2]一年四季，海面上漂亮的内燃机轮船和蒸汽机轮船来来往往，摩托快艇在海上破浪疾驶，轻盈的帆船在飞速滑行。飞到这里来过冬的鸟，有潜鸟、各色各样的潜鸭、肥硕的浅红色鹈鹕——它的长嘴巴下面有一只装鱼的大肉袋，在我们的海里，冬天并不比夏天寂寞。

列宁格勒广播电台

《森林报》编辑部。

你们看，苏联有丰富多彩、各不相同的春夏秋冬。这就是我们苏联的一年四季，这一切都属于我们，这一切共同组成了我们伟大的祖国。

你自己挑一个心中喜欢的地方吧！反正无论你到什么地方，无论你打算在哪里住下，等待着你的都是大好河山和一系列独特有趣的工作：你可以勘察、研究和发现我们

---

[1] 鸬鹚(lú cí)：是一种海鸟，鸟喙长而薄，常大声呼叫。脚有四个脚趾，有脚蹼，善于潜水。主要以鱼类和甲壳类动物为食。

[2] 见插图六。

国土的新美景和新矿产资源，建设更美好的新生活。

这是我们今年第四次，也是最后一次全国无线电联络，来自全国各地的无线电播报到此结束。

再见！再见！

明年见！

打靶场：第十次竞赛

1. 冬季从哪一天（按日历）开始算起？这一天有什么引人注目的事？

2. 哪种肉食动物的脚印上没有爪印？为什么？

3. 哪些皮毛贵重的野兽，渔夫不喜欢？

4. 冬季，树木生长吗？

5. 为什么猎人更喜欢在下过初雪的地上打猎？

6. 哪些鸟钻进雪中过夜？

7. 冬季，猎人在森林和田野打猎时，穿什么颜色的衣服更有利于隐蔽？

8. 为什么奔跑中的兔子后脚的脚印在前脚脚印的前面？

9. 我们的候鸟飞到南方后会筑巢吗？

10. 雪地里这种足迹是哪种动物留下的？

11. 林中的哪种鸟眼睛长得靠近后脑勺？为什么？

12. 哪一种小兽无论狐狸和黄鼠狼都不吃？

13. 什么猛兽的脚印和人的脚印相似？

14. 猎人常会打死背上留有猫头鹰或鹞鹰爪子的兔子，为什么？

15. 这里面有被猎人打伤的鹿的足迹，推断一下这头鹿的伤势如何。

16. 谜语：纷纷扬扬空中飘，像衣服，既没下摆也没扣子。

17. 谜语：像马待在田野叫，就是不往家里跑。

18. 谜语：在雪地里飞奔，雪上却不留痕。

19. 谜语：一个怪老头儿，把温暖都带走，自己不停留，也不叫别人停留。

20. 谜语：谁在河上架桥不用斧头、钉子、楔子和木板？

21. 谜语：像钻石一样晶莹透亮，却十分平常，它来自母亲，又会变成母亲的模样。

22. 谜语：飞飞转转，对着天下大呼大喊。

23. 谜语：撒进地里是小小颗粒；从地里回来，煎饼摊在锅里。

24. 谜语：不用播种和脱粒，浸泡在水里，压它在石底，等到冬天做美食。

公告栏："火眼金睛"称号竞赛（九）

这是什么动物的足迹?

图1：这是什么动物的足迹?

图1

图2：这是兔子的足迹，兔子分为雪兔和欧兔，哪种是雪兔的? 哪种是欧兔的?

图2

图3：这又是什么动物留下的足迹?

图3

图 4～图 12：树木的叶子几乎落尽了。请你从树干和枝杈的样子来辨识它们分别是什么树。

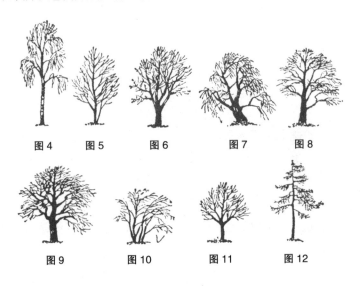

图 4　　　图 5　　　图 6　　　　图 7　　　图 8

图 9　　　　　图 10　　　　图 11　　　　图 12

在森林、田野和花园里自学森林常识

每个人都能做到。

迈开双腿，仔细观察有哪些野兽和飞鸟在雪地里留下了不同的足迹。

学会阅读冬季这本白色大书。

请别忘了无家可归、饥肠辘辘的林中伙伴

艰难的日子呀，太难挨了！冬季，会唱歌的小鸟和其他鸟儿正在过着艰难的日子。它们正在寻找可以避寒、免遭可怕的冬日寒风侵袭的住所。如果没有找到避难的住所，它们在这寒冷的冬

季必死无疑。

SOS！SOS！SOS！

请从死神手中拯救它们吧！

请大家伸以援手，为鸟儿制作避寒的小木屋吧！用云杉枝条和秸秆为野山鹑搭建小窝吧！为鸟儿设立一些免费食堂吧！

详情请参阅本期《公告》

邀请贵宾

山雀和䴓[1]

山雀和䴓很爱吃油脂类食物。不过它们不能吃咸的，因为一吃咸的，它们的胃就会非常痛。

如果有人想邀请这些可爱而好玩的鸟儿到自己家做客，不仅可以借机欣赏，还可以在它们饥寒交迫的时候喂饱它们，那么就应该这样做：

拿一根木棍，在上面钻一排小孔，在孔中灌满热的油脂，猪油或者牛油都可以。待油脂冷却后，把木棍挂到窗外。当然，也有更好的办法，把木棍挂在窗外的树枝上。

这些快乐的贵宾不会让你久等。为了答谢你的款待，它们还会表演各种把戏，比如在枝头打转、脑袋朝下翻跟头、向旁边跳跃等。

---

[1] 䴓（shī）：鸟类，体长12厘米左右，嘴长而尖，背部蓝灰色，腹部棕黄色。生活在森林中，以昆虫为食。

请灰色的山鹑光临

人们为美丽的灰山鹑设置了一些小窝，这些小窝建在田间地头，用云杉树树枝搭建而成。

他们还在窝棚里撒上了美味的大麦和燕麦粒来招待它们。

森林报 第十一期

导读

　　在冬一月里，我们读到了"冬天的书"，小动物们从雪地上走过留下的脚印，书写着初冬的篇章。而接下来进入的冬二月，被称为"忍饥挨饿月"，动物们不仅要忍受寒冷，还要忍受饥饿了。

一年——分12个月谱写的太阳诗篇

　　用老百姓的话来说，这个月是冬天到春天的转折点，是一年的开始，也是冬季的中心。太阳向夏季转向，冬季向严寒行进。进入新年，白昼好像跳跃的兔子似的，猛然向前一撑——变长了。大地、森林和水面上，一切都被白雪覆盖起来，周围的一切仿佛都陷入了长眠，沉睡不醒。

在艰难的时日，生灵会巧妙地佯装死亡。野草、灌木和乔木都寂静不动，花草树木都停止了生长。但是停止生长，并不意味着死亡。

在寂静无声的白雪覆盖下，蕴藏着顽强的生命力。松树和云杉把它们的种子包裹在小拳头般的球果里，保存得很好。

冷血动物躲的躲，藏的藏。它们隐藏起来后就僵直不动了。但是，它们都没有死亡，甚至像螟蛾这样娇弱的小动物也没有死亡，而是钻到隐蔽的角落里去了。

鸟儿的血液很热，它们从来都不冬眠。许多动物，甚至包括小小的老鼠，整个冬天都在跑来跑去。

还有一件事让人觉得神奇：睡在积雪下熊洞里的母熊，在正月的严寒时节，竟产下了一窝小熊。小熊的眼睛还没睁开呢！虽然整整一个冬天，熊妈妈自己什么也没吃，却还坚持喂奶给小熊，一直喂到春天。这可真是一个奇迹！

林中大事记

导读

　　在又冷又饿的"忍饥挨饿月"，凛冽的寒风在森林里徘徊，光秃秃的树木更显得森林空旷。一些植物竭力保护自己新长的小芽，迎接春的到来；森林的居民逃走的逃走，躲藏的躲藏，就连老鼠也因为没有食物逃到了粮食仓库里，食肉动物们要如何捕获猎物呢？而交嘴雀和熊却留了下来，它们又要如何熬过这寒冷的一整月呢？

森林里好冷啊

　　刺骨的寒风在空旷的田野里游荡，在光秃秃的白桦和山杨树间急速地扫过。冷风钻入鸟儿密实的羽毛，渗入稠密的皮毛，把它们的血液吹得冰凉。

鸟儿们可不能站在地上，也不能栖在枝头——到处是冰封的雪地，它们的小脚爪冻得受不了！它们得跑着、跳着、飞着，想办法让身子暖和起来。

要是有温暖、舒适的洞穴或巢穴，有装满食物的仓库，它们的日子一定十分惬意。它们可以把肚子吃得饱饱的，把身子蜷作一团，蒙着头睡大觉。

吃饱了不怕冷

对于兽类和鸟类来说，最重要的就是先填饱肚子。只要吃饱了，这些飞禽走兽就什么也不怕了。饱餐一顿会让它们的身体发热，血液变得温暖一些，这股暖气在它们全身的血管中循环，沿着各条血管把热量输送到全身。皮下的一层脂肪，是暖和的毛皮大衣或羽绒大衣最好的衬里。寒气虽然能透过毛皮、钻进羽毛，但绝对穿不过皮下的那层脂肪。

如果食物充足，冬天就不可怕。可是，冬天到哪儿去找食物呢？

狼和狐狸整天在树林里徘徊。树林里空荡荡的，所有的兽类和鸟类躲藏的躲藏，飞走的飞走。白天，只有渡鸦飞来飞去；夜晚，只有雕鸮在空中飞来飞去。它们都在寻找食物，可是，哪儿有猎物的影子呀！

　　留在森林里，真是饿呀！

跟在后面吃剩下的

　　乌鸦首先发现一具马的尸体。

　　"呱！呱！"整整一大群乌鸦飞了起来，在空中鸣叫着，盘旋着，准备落下来享用它们的晚饭。

　　这时已是黄昏时分，天逐渐黑下来，月亮出来了。

　　忽然，有谁在林子里传出一阵叫声："呜……呜……呜……"

　　乌鸦飞走了，一只雕鸮从林子里飞出来，落在这具马的尸体上。

　　它用钩嘴撕扯了一块马肉，抖动着耳朵，眨巴着眼睛，刚想饱餐一顿，忽然听到雪地上发出一阵脚步声。

　　雕鸮飞上了树。一只狐狸来到马的尸体前。

咔嚓，咔嚓，狐狸用牙齿卖力地撕咬。它还来不及吃饱，就来了一只狼。

狐狸逃进了灌木丛，狼扑到马的尸体上。它浑身的毛都竖了起来，牙齿像刀一样锋利，剐着一块块马肉，吃得心满意足，喉咙里发出满足的叫声，周围什么声音都听不见了。它不时地抬起头，把牙齿咬得咯咯响，好像在说："谁也别想过来！"接着，它又大吃大嚼起来，继续享用它的晚餐。

突然，它的耳畔响起一声浑厚的咆哮，狼吓得跌了个屁股蹲儿，夹紧尾巴，一溜烟儿逃走了。

原来是森林的霸主——熊，大驾光临了。这回，谁也别想靠近了。

黑夜将近时，熊吃完这顿晚餐，睡觉去了。狼还在旁边夹着尾巴，一直静静地等候着呢。

熊刚走，狼就吃上了。

狼吃饱离开，狐狸来了。

狐狸吃饱离开，雕鸮飞来了。

雕鸮吃饱离开，乌鸦飞来了。

这时候，天快亮了，免费的晚餐早已一干二净，只剩下一点儿残余的碎骨头。

小芽怎么过冬

现在，所有植物都处于休眠状态。但是它们正在准备迎接春天的到来，长出了自己的小芽。

这些小芽怎么度过寒冷的冬天呢？

树木的小芽在离地面很高的地方过冬。而青草的小芽，情况就不一样了，它们有自己的过冬方法。

就说林中的繁缕吧，它的小芽被耷拉在地面的干枯茎叶包着，小芽在干枯茎叶里过冬。它的小芽还活着，颜色是碧绿色的。其实，它的叶子在秋天就枯黄了，整棵植株看起来仿佛已经死了。

蝶须、卷耳、阔叶林中的青草以及许多其他低矮的小草，不仅在积雪下保全了自己的小芽，而且保存得完整无恙，准备浑身碧绿地迎接春天。

这些青草的小芽，都是在地面上过冬的，虽然离地不是很高。

另外，还有其他植物的小芽，过冬方法就很特别了。

去年的艾蒿、牵牛花、草藤、金梅草和紫荆花，在地面上什么也没留下，只剩下半腐烂的茎和叶。如果要寻找它们的小芽，你可以在紧靠地面的地方找到。

草莓、蒲公英、苜蓿、酸模、千叶蓍的小芽也在地面上过冬。不过，这些植物的芽被绿色的莲座叶丛包围。等到春天，这些植物从雪下长出来的时候，就已经是绿油油的了。

还有其他许多植物冬天也把自己的小芽保存在地下过冬，有银莲花、铃兰、舞鹤草、柳穿鱼、柳兰、款冬等长在根状茎上的小芽；有野蒜和顶冰花长在鳞茎上的小芽；有紫堇长在块茎上的小芽。

这就是地上植物的小芽过冬的方法。

至于水生植物的小芽，则把自己埋在池塘或者湖泊底部的淤泥里过冬。

——尼·巴甫洛娃

小木屋里的山雀

在忍饥挨饿月，每一头林中野兽、每一只鸟儿都向人类的住所聚拢，因为这里相对容易找到食物，哪怕这些食物是从垃圾堆里找到的。

饥饿能压倒恐惧，让谨小慎微的林中居民不再害怕人类。

黑琴鸡和山鹑钻进了打谷场、谷仓；兔子来到了菜园；白鼬和伶鼬在地窖里捉老鼠；雪兔常到紧临村边的草垛上啃食干草。在我们记者设于林中的小屋里，一只黄色的山雀勇敢地从敞开的大门飞了进来。这只黄色的山雀两颊是白色的，只有胸脯上有一条黑色的纹路。它对人类毫不理会，径自飞落在餐桌上，开始啄食面包屑。[1]

小屋的主人关上了门，于是山雀变成了俘虏。

它在小屋里住了整整一个星期，我们倒是没有碰它，但也没有喂它。不过，它倒是一天天地胖了起来。因为它一天到晚都在屋子里找吃的，寻找蛐蛐、蟑螂和苍蝇，捡拾垃圾和食物碎屑，到了夜晚再钻进炉子后面的缝隙里睡大觉。

几天之后，它捉光了所有蛐蛐、蟑螂和苍蝇，就开始啄食面包，还用喙啄坏了书本、纸盒、塞子——凡是它看得见的东西都要啄一啄。

小屋的主人只要打开门，就能把这个淘气的不速之客请出小屋。

---

[1] 见插图七。

我们去打猎

一大早，我就跟着爸爸去打猎。天好冷啊！雪地上有很多脚印，爸爸说："这是刚刚留下的脚印，离这儿不远的地方一定有一只兔子。"

爸爸叫我顺着兔子的脚印走，他自己则留在原地等候。兔子如果被人从躲藏的地方撵出来，往往会先兜一个圈儿，再顺着自己的脚印往回跑。

我顺着兔子的脚印走。兔子的脚印多得很，但我坚持继续前进。不一会儿，我就把兔子给撵出来了，它躲在一棵柳树下。受惊的兔子兜了个圈儿，便顺着自己之前的脚印跑了。我焦急地等待枪声。过了一分钟，又过了一分钟。突然，在静寂中响起枪声。我朝枪响的地方跑去，看见了爸爸。那只兔子就躺在离他大约十米远的地方。

我走过去拾起兔子，我们带着这个猎物回家了。

—— 驻林地记者 维克多·达尼连科夫

老鼠从森林出走

森林里，许多老鼠储备的食物已经不够吃了。为了免遭白鼬、伶鼬、黄鼬和其他肉食动物的捕食，许多老鼠从自己的洞穴里跑了出来。

可是，大地和森林都被厚厚的积雪覆盖着，没有什么食物。这一支忍饥挨饿的老鼠大军便逃出了森林，人类的粮食仓库面临严重威胁，必须要提高警惕。

跟随老鼠而来的是伶鼬。但是，要将所有老鼠捉尽、彻底消灭，伶鼬的数量还远远不够。

请一定保护好粮食，免遭啮齿类动物的祸害！

不用遵守法则的林中居民

这个时候，所有林中居民都在严冬里饱受煎熬，忍饥挨饿。林中法则是这样的：冬天，要千方百计地逃过寒冷和饥饿，孵化小鸟的事连想都不用去想。夏天天气暖和，食物也充足，那才是孵化小鸟的好时候。

说得不错，可是，谁要是能在冬天的森林找到充足的食物，那就不用遵守这条法则了。

我们的驻林地记者在一棵高大的云杉上找到了一个鸟窝。鸟窝所在的树杈上覆盖着白雪，几个小小的鸟蛋安安静静地躺在窝里。

第二天，我们的驻林地记者又到那里去了，那天冷得要命，他们的鼻子都被冻得通红。可是他们往鸟窝里看了看，窝里的蛋已经孵出几只小鸟。小鸟赤裸裸地躺在窝里，眼睛还没有睁开呢。

真是天下奇事！

其实，也没什么好奇怪的，这是一对红交嘴雀孵出的小鸟。

交嘴雀在冬天既不怕冷，也不怕饿。一年到头都可以在树林里看见这种鸟儿。它们总是一小群一小群地聚集在一起，兴高采烈地彼此呼应，从这棵树飞到那棵树，从这片树林飞进那片树林。它们一年四季过着居无定所的生活，今天在这里生活，明天在那里生活。

春天，所有的鸟儿都成双成对，各自选好一块地方居住下来，直到孵出小鸟。

可是交嘴雀却在这时候成群结队，满林子里飞，在哪儿也不久留。

在它们热闹的飞行队伍里，一年到头都可以看到年长的交嘴雀和年轻的交嘴雀在一起。仿佛它们的小鸟，是在林子中一边飞一边生下来的似的。

在我们列宁格勒，人们还把交嘴雀称作"鹦鹉"。人们这样称呼它们，是因为它们像鹦鹉一样，有一身颜色艳丽的羽毛，还因为它们像鹦鹉一样，喜欢攀缘在细木杆上转来转去。

雄交嘴雀的羽毛是橙红色的，颜色有深有浅；雌交嘴雀和幼年交嘴雀的羽毛是绿色和黄色的。

交嘴雀的爪子善于抓握，交嘴雀的喙[1]也擅长咬东西。它们喜欢头朝下、尾巴朝上，把身体倒挂着，用爪子抓住上面的细树枝，用喙咬住下面的细树枝，就那么倒挂着。

让人感到奇怪的是，交嘴雀死后，尸体过很久也不腐烂。一只老交嘴雀的尸体可以放上二十多年，连一根羽毛都不掉，也不发臭，像木乃伊一样。

交嘴雀的喙是独一无二的。这样的喙，除它以外，任何鸟儿都没有。交嘴雀的喙呈十字形交叉，上半片往下弯，下半片往上翘。

交嘴雀全部的本领，源自它的喙，它创造的一切奇

---

[1] 喙（huì）：鸟兽的嘴。

迹，也都可以从它的喙上得到解答。

交嘴雀刚出生的时候，它的喙是直的，跟其他鸟类一样。可是等到它长大了，就开始用喙啄食云杉球果和松树球果里的种子。这时，它那柔软的喙就渐渐弯曲交叉起来，形成了十字形，以后余生都保持这个样子。这样的喙对交嘴雀很有好处，用十字形交叉的弯喙把种子从球果里啄出来，方便极了。

这样，答案揭晓了。

为什么交嘴雀一生都在各个森林里到处流浪呢？因为它们需要四处寻找，看哪儿的球果结得最多、最好。今年，我们列宁格勒的球果丰收，交嘴雀就飞到我们这儿来了。明年，北方的其他地方球果结得多，交嘴雀就会飞到那儿去。

冬天，森林里都是球果，周围的食物应有尽有，窝里暖烘烘的，有柔软的绒毛、羽毛和软绵绵的兽毛。雌交嘴雀生下一枚蛋，就不再外出了，雄交嘴雀给它找来食物。这就是交嘴雀在冰天雪地之中还能欢乐唱歌，并孵化小鸟的原因。

雌交嘴雀趴在窝里，孵着蛋，让蛋宝宝保暖。等小鸟破壳后，雌交嘴雀就会把储存在嗉囊里的软化了的松子和云杉种子喂给孩子们吃。要知道，松树和云杉树一年四季都有果子。

一旦交嘴雀相恋了，想要住自己的房子，生自己的孩子，它们就会离开鸟群，不管那时是春夏秋冬哪个季节，对它们来说都一样。人们一年四季都能找到交嘴雀的窝，它们把窝安顿好，等小鸟长大后，一家子又会回到鸟群中。

为什么交嘴雀死后会变成"木乃伊"呢？这是因为它们长期以球果为食。松树和云杉的种子里含有大量的松脂。有些老交嘴雀一辈子只吃松树和云杉的种子，全身都被这种松脂浸透，就像靴子被涂上了松焦油一样。在它们死后，松脂可以使它们的尸体不腐烂。

埃及人不也是在已故亲人的身上涂抹松脂吗？这样才做成了木乃伊。

熊找到的好地方

深秋时节，一头熊选中了一块舒服的地方做洞穴，就在一个长满小云杉的小山坡上。它用爪子扒下一条窄长的云杉树皮，垫在山坡上的土坑里，上面再铺上柔软的苔藓。

它把土坑周围的云杉从底部咬断，使它们倒伏下来，在土坑上面形成一个小窝棚，接着它爬进去，安然地入睡了。

然而不到一个月，一条猎狗就发现了这头熊的洞穴，虽然它及时逃离了猎人的射杀，但这次，它索性在雪地里冬眠——在听得见声音的地方睡觉。即使在这里，猎人还是找到了它。这一次，它又侥幸逃脱了。

熊第三次躲藏了起来。这一次，它躲在了一个谁也找不到的地方。

一直到了春天，人们才发现这头聪明的熊竟然睡在一棵高高的树上。这棵树曾被风暴折断过，它上部的树枝一直朝天生长，长成了一个坑形。

原来是夏天的时候，老鹰找来枯枝架到这儿，再铺上柔软的垫子，在这里哺育了小鹰之后就飞走了。到了冬天，在自己的洞穴里受到惊吓的熊，就想到了这个空中的"坑"。于是，它就爬到这个"坑"里藏身。

阅读感悟

面对恶劣的环境，要懂得审时度势随机应变。熊在被猎人追捕的过程中，不断更换自己的冬眠位置，最终发现了空中的"坑"，躲避了猎人的追踪。在学习和生活中，我们会遇到很多不同的困难，我们应当寻找合适的方法渡过难关。

都市新闻

导读

　　在都市的学校里，孩子们都在进行十分有趣的活动。低年级的孩子们交换各自饲养的动物；高年级的孩子们会加入少年自然界研究小组；少年宫里的孩子则会分组观察和记录动物和植物，认识了许多自然界里的奇妙生命。

免费食堂

那些唱歌的鸟儿正因为饥饿和寒冷受苦受难。

一些好心的城市居民在花园里或自家窗台上为它们设置了小型的免费食堂。一些城市居民把面包片和油脂用线穿起来，挂到窗外。另一些城市居民则把装着谷物和面包的篮子放在了花园里。

山雀、褐头山雀、蓝山雀，有时还有黄雀、白腰朱顶雀和其他冬季来客会成群结队地光顾这些免费食堂。

学校里的大自然角

不论你到哪所学校，都可以看见一个大自然角。这里的箱子里、罐子里、笼子里养着各种各样的小动物。这都是孩子们夏天远足时捉来的。现在，孩子们十分忙碌，他们得给所有住在这里的动物朋友们喂食，保证它们在这里吃饱喝足。他们要给每一个房客安排一个符合它生活习惯的住处，还得把每一个房客看管好，不能让它逃跑。这里既有鸟类，也有兽类，还有蛇、青蛙和昆虫。

在一所学校里，孩子们给我们看了一本他们在夏天写的日记。看得出来，他们收集这些小动物是有意义的，不是随随便便闹着玩的。

6 月 7 日，日记本上写着："我们贴出一张宣传海报，号召大家把收集到的动物都交给值日生。"

6月10日，值日生记下了这样的话："图拉斯带回一只天牛。米诺洛夫带回一只甲虫。加普里洛夫带回一条蚯蚓。雅柯夫列夫带回荨麻上的瓢虫和甲虫。鲍尔晓夫带回一只篱莺……"

而且，日记本里差不多每天都有这样的记载：

"6月25日，我们远足到池塘边，我们捉到许多蜻蜓的幼虫和别的虫子，我们还捉到一条北螈，这正是我们非常需要的东西。"

有的孩子甚至还把他们捉到的动物详细地描述了一番："我们收集了许多水蝎子和水蚤，还有青蛙。青蛙有四条腿，后腿的趾间有蹼。青蛙的眼睛乌黑乌黑的，它的鼻子是两个小洞，两侧还有两个略微鼓着的小包。青蛙捉害虫，给我们带来很多益处。"

冬天，小学生们还合伙在商店里买了一些我们这里没有的动物：乌龟、金鱼、豚鼠、羽毛鲜艳的鸟类等。

你一走进那间屋子，就能听见一片喧嚣声，有的叽叽喳喳，有的婉转啼鸣，有的哼哼唧唧。它们长得也各不相同，有的是毛茸茸的，有的是光溜溜的。这里简直像个真正的动物园。

孩子们还想到了交换彼此正在饲养的动物。夏天，有所学校的学生捉到许多鲫鱼，另一所学校的学生养了许多家兔，已经多得没处放了。这两所学校的孩子们就进行了交换：四条鲫鱼换一只家兔。

这都是低年级学生做的事。

年级高一些的孩子，他们另有自己的组织。几乎每所学校都有少年自然界研究小组。

在列宁格勒的少年宫里，也有一个小组。各学校都选派最优秀的少年自然界研究者去参加。在那里，少年动物学家和少年植物学家学习怎样观察和捕捉动物，怎样照料捉来的动物，怎样制作动物标本，怎样采集和制作植物标本。

从学年的开始到结束，小组组员们常常到城外和各地游览参观。夏天，小组全体组员一起出发，去距离列宁格勒很远的地方旅行。他们在那里住了整整一个月，每个组员都有自己的工作：植物学小组的组员采集植物标本；哺乳动物小组的组员捉老鼠、刺猬、鼩鼱、小兔子和其他小野兽；鸟类小组的组员寻找鸟巢、观察鸟类；爬虫类小组的组员捕捉青蛙、蛇、蜥蜴、北螈；水文学小组的组员捕捉鱼类和各种水族动物；昆虫类小组的组员捕捉蝴蝶、甲虫，研究蜜蜂、黄蜂、蚂蚁的生活习性。

少年米丘林工作者们在学校试验园地开辟了果木和林木的苗圃，他们的小菜园也有很高的产量。

他们记录下自己的观察结果和工作内容，写成一本详细的日记。

刮风、下雨、降露、酷暑的气候变化，田野、草地、江河、湖泊和森林中的生灵，农庄庄员们干的农活儿——都逃不过少年自然界研究者的注意。他们在研究的是我们祖国包罗万象、丰富多彩的自然和人文资源。

在我国，未来的科学家、勘探工作者、猎人、研究人员、大自然的改造者正在茁壮成长起来。他们是前所未有的一代。

树木的同龄人

我今年12岁，正好和长在我们城里街道两旁的那些枫树一样大：它们是在我生日那天，由少年自然界研究小组的成员种下的。

瞧，现在枫树已经有我的两倍高了！

——谢辽沙·波波夫

阅读感悟

　　在校园里，孩子们积极地参与"大自然角"，还互相交换动物饲养。在沟通交流中，开阔了眼界，取得了进步。在学习和生活中，我们也应该多和周围的朋友沟通交流，有问题大家一起讨论，或许会在讨论中有所启发。

祝你钩钩不落空

导 读

即使在寒冷的冬季，还是有很多人在结冰的河面上钓鱼。钓鱼人会先判断冰下是否有鱼，再放下鱼饵，等待鱼上钩。钓鲈鱼用的方法和钓江鳕鱼用的方法完全不一样，钓鲈鱼用的鱼钩和钓江鳕鱼用的鱼钩也不一样。通过阅读，来找一找这两种钓鱼方法和两种鱼钩的区别吧！

好奇怪呀！大冬天还会有人钓鱼？

冬天钓鱼的人可多着呢！要知道，并不是所有的鱼都像鲫鱼、冬穴鱼、鲤鱼那样喜欢睡懒觉。很多鱼都只在最冷的时候才睡觉，而流浪的江鳕鱼整个冬天都不睡觉，甚至还产卵，就在正月、二月里产卵。

法国有句俗语说："睡觉睡觉，不吃也饱。"可是，谁不睡觉，谁就得吃饭哪。

在冬季最难的是找到鱼的栖息地。在不熟悉的江河、湖泊钓鱼时，只能根据某些迹象来确定位置。在确定大致位置之后，先在冰上开几个小洞，再试一试是否有鱼上钩。

以下几种迹象可以说明此处有鱼：

如果河流是弯曲的，那么在又高又陡的河岸下，可能会有很深的水坑，天冷时鱼会成群结队聚集到这里来；在清澈的林间小溪流入湖泊或河流的地方，在河口下游稍低的地方，应该也会有个坑；芦苇和席草一般只生长在水浅的地方，从芦苇丛和席草丛往湖泊和河流延伸开去的水域就开始形成锅形水底，这里往往也是鱼的栖息地。

要钓冰层底下的鲈鱼，最好用带钩的鱼形金属片。用这样的金属片钓鲈鱼，往往一钓一个准儿。钓鱼人会用冰钻在冰上凿一个20~25厘米大小的洞，把拴在牛皮筋或棕丝上的金属制鱼形鱼钩放到冰窟窿里。先把它垂到水底，探探那地方的水有多深，接着开始用短促的动作，一上一下地拉动钓丝，把鱼钩不断地上下拖放，不过每次往下放的时候，注意不要再垂到水底了。

鱼形鱼钩在水里摇晃着，一闪一闪的，非常显眼，像条活鱼似的。冰下的鲈鱼担心这条"小鱼"从嘴边逃走，一个纵身扑过去，会把假小鱼连同鱼绳一起吞到肚里。如果没有鲈鱼上钩，钓鱼人就换个地方，到别处去凿一个新的冰窟窿。

想捕捉"夜游神"江鳕鱼，需要用冰下捕鱼绳。冰下捕鱼绳是一面短短的立网，也就是一根绳子上面系着三五根用线或马鬃搓成的短钓丝。每根钓丝彼此分开，相互之间的距离是 70 厘米。钓丝的鱼钩上扎着饵食——小块的鱼肉或蚯蚓，绳子的另一头拴着一个坠子，把绳子垂向水底，水流会把绳子上那些带有饵食的鱼钩一个一个带走。绳子的上端拴一根棍子，把棍子架在冰窟窿上，一直把它留到第二天早晨。

钓江鳕鱼的好处是用不着像钓鲈鱼那样，长时间地在冰面上挨冻。第二天早晨，来到冰窟窿前，把棍子提起来看，绳子上已经吊着一条很长的大鱼了。这条大鱼浑身黏糊糊的，身上的纹路像老虎一样，有一条条的斑纹，身子两侧是扁扁的，下巴上有一根小须，这就是江鳕鱼。

打靶场：第十一次竞赛

1. 什么样的动物更怕冷——大的还是小的？

2. 躺在洞里冬眠的是瘦熊还是胖熊？

3. "狼靠腿勤饱肚子" 是什么意思？

4. 为什么冬季储备的木柴比夏季储备的值钱？

5. 如何从砍伐树木后留下的树墩得知这棵树的年龄？

6. 为什么所有的猫科动物（家猫、野猫、猞猁）都比犬科动物（狼、狐狸）爱干净？

7. 为什么冬天许多野兽和鸟类要离开森林，向人类居住地靠近？

8. 是否所有的白嘴鸦都离开我们，到别处去越冬？

9. 冬季蛤蟆吃什么？

10. 什么动物被称为 "流浪汉"？

11. 蝙蝠藏在何处越冬？

12. 是否所有的兔子在冬季都是白色的？

13. 什么鸟的雌鸟比雄鸟身大力强？

14. 为什么交嘴雀死后的尸体即使在炎热的天气也经久不腐？

15. 谜语：站着个汉子，头戴白帽子，不用毛毡做，不用自己缝。

16. 谜语：我和沙子一样渺小，却能把大地盖牢。

17. 谜语：大门一开，像球一样滚进来，用手一抓却落空。

18. 谜语：夏天东游西荡，冬天进入梦乡。

19. 谜语：猪麻线缝牛皮羊皮，做出一样好东西。

20. 谜语：一个汉子带着汪汪对付咆哮，如果没有汪汪，汉子会被咆哮压倒。

21. 谜语：美丽姑娘坐牢房，辫子却在外头留。

22. 谜语：婆婆坐在地上，补丁包在身上。

23. 谜语：不缝不裁，身上伤痕累累，衣服穿了一层又一层，一粒扣子也不用。

24. 谜语：形状圆圆的却不是月亮，叶子绿绿的却不是大树，拖个尾巴却不是老鼠。

公告栏:"火眼金睛"称号竞赛(十)

自己阅读足迹并讲述

自己阅读足迹,并讲述这里发生了什么事。

别忘了无人照料和忍饥挨饿的动物们

在饥饿难熬、暴风雪肆虐的冬季,别忘了弱小的鸟儿朋友。

记得每天在鸟儿食堂放上食物。

为鸟儿建造过夜的地方:椋鸟舍、山雀箱、在圆木上挖洞的鸟巢。

记得给山鹑放置小窝棚。

请在自己的同学和熟人中,为饥饿的鸟儿募集捐助品。

有人捐谷物,有人捐油脂,有人捐浆果,有人捐面包屑,还有人捐蚂蚁卵。

小小的鸟儿需求得多吗?

只要你伸出援手,将有多少鸟儿会被你从濒临饿死的境地中拯救出来呀!

森林报 第十二期

冬三月：期盼春归月

2月21日—3月20日 太阳进入双鱼座

导读

挨过了寒冷的冬一月，熬过了饥饿的冬二月，迎来了冬三月——期盼春归月。这个月过完，春天就要如期而至了。在寒风四处游荡的森林，在冰壳冻住的河面，动物和植物又要如何抵挡冬天的最后一个月呢？

一年——分12个月谱写的太阳诗篇

2月是越冬月。临近2月时，开始不断地刮暴风雪。狂风在茫茫雪原上飞驰而过，却不留下任何踪影。

这是冬季的最后一个月，也是最可怕的一个月。这是啼饥号寒的月份，是公狼和母狼成婚的月份，也是野狼袭击村庄和小镇的月份——由于饥饿，野狼每天夜里都会到羊圈里去抢劫。它们一到晚上就往羊圈里钻，叼走狗和羊。所有的兽类都在消瘦，秋天养的膘已不能再给予它们热量和营养了。小野兽的洞里、地下仓库的存粮，也快要吃完了。

积雪本来是帮助保温的，但是现在对于许多野兽来说，却变成了致命的敌人。在它不堪负荷的重量下，树枝被压断了。只有野生的鸡类——山鹑、花尾榛鸡和黑琴鸡最喜欢深厚的积雪，因为它们可以连头带尾钻进积雪里去过夜，安安稳稳睡大觉，多么安全舒服哇！

然而灾难也接踵而至。有时白天解冻后，寒气又在夜里袭来，雪面上冻起一层硬硬的冰壳。在太阳晒化冰壳以前，就算你把脑袋撞扁了，也休想从冰屋顶下钻出来！

暴风雪吹呀吹，吹个不停，一遍遍地横扫大地，大雪把走雪橇的道路都掩埋起来了……

林中大事记

导读

在整个漫长的冬天，望着被皑皑白雪覆盖起来的大地，会不由自主地陷入思考：在这片白净的雪海下面，究竟藏着些什么东西呢？在冬天的最后一月，《森林报》的记者在积雪下发现了小虫子和植物，它们都还活着！冻在河底的青蛙，在气温回升后，也会活过来。真是神奇的生命呀！

熬得过去吗？

森林里最后一个月来临了，这是最艰难的一个月——期盼春归月。

森林中所有居民仓库里的存粮都快吃完了，所有飞禽走兽都消瘦了——皮下那层保温的脂肪已经没有了。它们长时间过着饥饿的生活，体力已经大大削弱了。

这时，狂风大雪又好像在故意捣乱，森林里刮起了阵阵暴风雪，天气越来越冷，严寒越来越无情。冬老人只剩这一个月的寻欢作乐的时间，因此它更加肆无忌惮，释放出最凶狠的寒气。现在，飞禽走兽只有再坚持一下，守住最后一点儿力量，熬到春天的到来。

我们的《森林报》记者巡视了整个森林，有一件事让他们非常担心：林子里的飞禽走兽能不能熬到春回大地的时候呢？

记者在森林里看见许多悲伤的事。有些林中居民经受不住寒冷与饥饿的煎熬，默默地死去了。其余的林中居民能不能再熬上一个月？确实也会遇到一些生命力顽强的动物，你根本用不着为它们担忧！

严寒的牺牲者

天冷，又刮着大风，没有比这样的天气更可怕的日子了！每逢这样的天气，你到处都可以看到雪地里冻死的飞禽走兽和昆虫的尸体。暴风把树桩旁的和在树干下面的积雪扫了出来，可那积雪里藏着许多小野兽、甲虫、蜘蛛、蜗牛和蚯蚓。

盖在它们身上的用来保温的积雪被暴风吹走了，它们也就冻死在冰冷的暴风里了。

暴风甚至能把飞翔的鸟儿刮下来。乌鸦是抵抗力相当强的鸟类，但是在长时间的暴风吹拂下，我们往往会在雪地里发现它们被冻死的尸体。

风雪过后，"森林清洁工"马上出动，猛禽和野兽满森林里搜寻，它们会把暴风中冻死的尸体，收拾得一干二净。

结薄冰的天气

有时，冰雪解冻之后，气温会骤然下降，能把上面一层融化的雪一下子冻成冰壳。积雪上的这层冰壳又硬又滑又结实，野兽柔软的爪子刨不开它，鸟喙也啄不破它。不过，狍子的蹄子倒是能够把它踩破。可是，被踩破的冰壳的边缘锋利得像刀一样，能把狍子蹄上的毛皮和肉划破。

鸟儿怎样能吃到冰壳下的细草和谷粒呢？谁要是没有能力啄破玻璃似的冰壳，谁就得挨饿。

化雪天还经常出现这样的情况，地面上的雪变得湿漉漉、蓬松松的。傍晚，一群灰山鹑飞落下来，它们毫不费力地在雪地上给自己刨了几个小洞，小洞里冒着热气，暖和和的。它们在这冒着热气的暖室里睡着了。

可是到了半夜，气温骤降，严寒倏然而至。灰山鹑在暖和的地下洞穴里睡大觉，它们没有醒来，也没感觉到冷。

第二天早晨，灰山鹑一觉醒来，发现雪底下倒是挺暖和的，只是有点儿喘不上气来，它们要到外面去喘口气。它们伸伸翅膀，打算出去找点东西，可是头顶上竟然结了一层厚厚的冰，像玻璃盖子似的。

整个大地变成了一片光溜溜的滑冰场，冰壳底下是松软的雪，冰壳上面什么也没有。

灰山鹑把小脑袋向冰壳撞啊撞，撞得头破血流。无论如何，也得冲出这个冰罩子呀！谁要是能逃出这个囚牢，哪怕还饿着肚子，也算幸运的。

玻璃青蛙

我们《森林报》的记者凿碎了池塘的冰块，挖开冰底下的淤泥。淤泥里躺着许多青蛙，它们钻到淤泥里挤作一团，在那里过冬。

记者把它们从淤泥里弄出来的时候，它们完全像是玻璃做的。它们的身体变得非常脆。只要轻轻一敲，细细的小腿就会断裂，同时发出清脆的声音。

《森林报》的记者带了几只青蛙回家，他们小心翼翼地把冻僵的青蛙放在暖和的屋子里，让冻僵的青蛙慢慢地回暖。青蛙慢慢地苏醒了，直到全身都暖和了，就开始在地板上跳跃。

由此可以想象，当春天到来的时候，一旦太阳把水池里的冰块晒化，池水慢慢变得暖和的时候，青蛙就会苏醒过来，重新变得活泼健壮、生龙活虎了。

瞌睡虫

在托斯那河岸上，距离萨博里诺十月火车站不远处，有一个大岩洞。以前，人们在那里挖沙、采沙，可如今许多年过去了，已经没有什么人到那个岩洞里去了。

我们《森林报》的驻林地记者来到那个岩洞，走了进去，发现岩洞顶上有许多蝙蝠——大耳蝠和棕蝠。它们躲在那里睡觉，已经睡了五个月了。这些蝙蝠个个头朝下，脚朝上，用脚牢牢地攀住粗糙不平的岩洞顶。

大耳蝠把大耳朵藏在折叠的翅膀下，用翅膀把身体包起来，裹得严严实实，仿佛裹在毯子里似的，它们就这样倒挂着进入了梦乡。蝙蝠睡得时间这样久，我们的驻林地记者不禁为它们担心起来。因此，驻林地记者测量了蝙蝠的脉搏，还测量了它们的体温。

夏天，蝙蝠的体温和我们人类一样，在 37 摄氏度左右，脉搏每分钟 200 次。

现在，这些躲在岩洞里睡大觉的蝙蝠，脉搏每分钟只有 50 次，体温只有 5 摄氏度。

尽管如此，我们丝毫不需要为这些小瞌睡虫担心，它们的健康状况良好，一切正常。它们还能自由自在地睡上一个月，甚至两个月，等到温暖的夜晚到来，它们就会十分健康地苏醒过来。

轻 装

今天，我在一个僻静的角落里找到一棵款冬，它正开着花呢。它鲜花怒放，一副无畏严寒的样子。仔细一看，原来它的这些细茎好像还穿着轻装：鳞状的小叶子，蜘蛛丝似的茸毛，就像裹了一层轻盈的衣服。

现在正是隆冬季节，我们穿着厚厚的大衣还觉得冷，可是它们就穿了这么一点儿衣服，竟然不觉得冷！

你一定不会相信我的话，周围到处是雪，哪儿来的什么款冬呢？

我不是说了吗，我在一个"僻静的角落"里找到了它！我来告诉你它在什么地方吧。就在一座大楼房朝南的墙根底下，而且是在暖气管子通过的那个地方。在那个"僻静的角落"里，雪积不起来，随时融化，是一块化了雪的黑土地，像春天一样冒着热气。

但空气却是刺骨的寒冷！

——尼·巴甫洛娃

急不可耐

当严寒刚刚有点儿消退，只要天气稍暖和一点儿，开始解冻的时候，从森林里的积雪底下，各种各样的没有耐性的小虫子就会急不可耐地爬出来：蚯蚓、潮虫、蜘蛛、瓢虫、锯蜂的幼虫……

大风往往把倒在地上的枯木下的积雪全部吹走。大风吹过，这个角落就会出现一块没有雪的地方，这里变成了小虫子的游乐场。小虫子们会先后到这里散步、游园、透气，舒展筋骨。昆虫出来活动麻木的腿脚，蜘蛛出来找食物吃，没有翅膀的小蚊子光着脚丫子在地上跑跑跳跳，有翅膀的长脚舞蚊也在空中打着旋儿。

一旦有寒气袭来，这个游园会就结束了。这群大大小小的虫子躲的躲，藏的藏。有的钻到枯叶下面，有的钻到枯草、苔藓里去，还有的钻到泥土里藏了起来。

解除"武装"

森林勇士驼鹿和小个子公鹿都把鹿角脱落了。

驼鹿为把自己沉重的武器从头上甩掉，它们在密林里，把犄角在树上蹭啊蹭啊，就把犄角给蹭下来了。

有两只狼看见这样一位头上没有武器的勇士，便决定向它发起进攻。在它们看来，和这样一头没有武器的驼鹿战斗，是很容易取胜的。

于是，一只狼在前面向驼鹿发动进攻，另一只狼在后面堵截。

但是，这场战斗结束得出乎意料地迅速。

驼鹿用两只结实的前蹄踢倒了一只狼，紧接着又转过身，把另一只狼也踢倒在雪地上。

两只狼被弄得浑身是伤，好不容易才从驼鹿身旁逃走。

最近几天，老驼鹿和老公鹿已经生出了新犄角。不过，现在仍是没有长硬的肉瘤，外面绷着一层皮，皮上是软绵蓬松的毛。

从冰窟窿里探出的脑袋

一名渔夫在涅瓦河口芬兰湾的冰面上走着。当他走过一个冰窟窿的时候，看到冰窟窿底下探出来一个脑袋，这脑袋油光闪亮的，还长着几根稀稀拉拉的硬胡须。

渔夫看着这个从冰窟窿里浮起来的脑袋，本以为这是溺水而亡的人。但是这个脑袋突然朝他转过来了，渔夫这才看清楚了。

这是一张长着胡须的野兽的脸，它的脸皮紧绷绷的，满脸长着油光闪亮的短毛。两只亮晶晶的眼睛直勾勾地盯着渔夫的脸，看了看，紧接着，只听扑通一声，那个脑袋就钻到冰底下，消失不见了。

这时，渔夫才明白过来，自己看到的是一头海豹。

海豹在冰下捉鱼。它把脑袋探到水面上一小会儿，是为了喘口气。

冬天，渔夫们之所以能在芬兰湾打到海豹，就是因为海豹常常从冰窟窿里爬到冰面上透气。

有时甚至还有这样的事，有些海豹在水下捕鱼，一直追进涅瓦河。在拉多什湖上有许多海豹，所以那里有了真正的海豹捕猎业。

冬泳爱好者

在波罗的海铁路上的加特钦纳站附近，一条小河的冰窟窿旁，我们《森林报》的记者看到了一只黑肚皮的小鸟。

那天早晨，天冷得简直能冻掉鼻子。虽然天空中的太阳明晃晃的，可是我们的驻林地记者在那天早晨，还是不得不三番五次地捧起雪来，摩擦他那个冻得发红的鼻子。

因此，当听到黑肚皮的小鸟兴高采烈地在冰面上唱歌时，他感到非常奇怪。

他走上前去看时，小鸟蹦得很高，接着一个俯冲，扎进冰窟窿里去了。

"它怎么投河自尽啦？这下子完了，它要淹死啦！"我们的驻林地记者心想，他急急忙忙奔到冰窟窿旁，想要救起那只发了疯的小鸟。

哪知小鸟正在水里用翅膀划水，就像游泳的人用胳膊划水一样。

小鸟黑色的脊背在清澈的水里忽闪忽闪的，宛如一条银黑色的小鱼。

小鸟又一下猛扎到河底，用它尖锐的爪子抓着沙子，在河底快跑了起来。它跑到一个地方，停留了一小会儿，用嘴把一块小石子儿翻了过来，又从小石子儿下拖出一只乌黑的水甲虫。

过了一分钟，它从另一个冰窟窿里钻出来，又跳到水面上来了。它抖了抖身子，若无其事地哼起快乐的歌。[1]我们的驻林地记者把手试探着伸进水里，心想也许这里是温泉，河水是温热的。但是他的手刚伸进水里，马上就抽了出来。冰冷的河水，刺得他的手生疼。

他这才明白，他面前这只不是普通的鸟儿，而是一种水雀，叫作河乌。

河乌这种鸟儿，跟交嘴雀一样，也是不太遵守自然法则的。它的羽毛上覆盖着一层薄薄的脂肪。它钻进水里的时候，那层涂有脂肪的油亮亮的羽毛上就会出现一层小水泡，银光闪闪的。河乌就像穿了一件空气做的衣服似的，所以即便在冰水里，它也不会觉得冷。

河乌在我们列宁格勒算是稀客，它们只在冬天才会出现。

---

[1] 见插图八。

在冰盖下

现在，让我们把目光转向鱼儿们吧！

整个冬季鱼儿都在河底的深坑里睡大觉，它们头上是结实的冰屋顶。冬季即将结束的 2 月，在池塘和林中湖泊里，它们往往会感到空气稀薄，氧气不够用了。

那时，它们感到快要闷死了，心神不宁地张开圆嘴，游到冰屋顶下，紧紧地贴着冰面，用嘴唇捕捉冰上的小气泡。

冬季，难免会出现鱼儿大量窒息而亡的情况。到了春天，冰消雪融的时候，你带上渔竿来到这样的水池边钓鱼时，就会发现根本没有什么鱼儿可钓了。

因此，冬天不能把鱼儿忘了。在池塘和湖面上凿几个冰窟窿吧！还要注意防止冰窟窿再冻上，好让鱼儿能够呼吸空气，不至于窒息。

雪下的生命

在整个漫长的冬天，你望着被皑皑白雪覆盖的大地，会不由自主地陷入思考：在这片土地下面，那寒冷而干燥的雪海下面，究竟藏着些什么东西呢？在这片"海"底，到底有没有留下什么活的东西呢？

我们《森林报》的记者在森林里、林中空地上和田野里挖了几口雪井，一直挖到能看见土壤。

我们在那里看到的景象，真是出乎我们的意料。

原来那里面有许多绿色的莲座叶丛，从枯草根下钻出来的尖尖小嫩芽，还有被沉重的积雪压倒在冻土上的各种绿色草茎，它们全是活的！你想想看，全是活的呀！

原来生活在雪海底下的植物，有草莓、蒲公英、三叶草、蝶须、狗牙根、酸模，还有许多各种各样、形形色色的植物，它们全身都是绿油油的，充满了勃勃生机！在那翠绿娇嫩的繁缕上，甚至还长出了小小的花蕾。

我们的驻林地记者在那些雪井的四壁上发现了一个个圆圆的小窟窿。这个小窟窿是被铁锹切断的小野兽的交通道，那些小野兽十分擅长在茫茫雪海里给自己找东西吃。老鼠和田鼠在雪底下大嚼特嚼美味且富有营养的植物根。而凶猛的鼩鼱、伶鼬、白鼬，冬天也会在这里捕捉啮齿动物和在雪里过夜的飞禽。

从前，人们以为只有熊才在冬天生产。人们常说，有福气的小孩"从娘胎里带来衣裳"。小熊刚一出世的时候，个头儿非常小，只有老鼠那么大。可是，它不仅从娘胎里带来了衣裳，而且是穿着皮毛大衣降生的。

现在，科学家们调查清楚了，有些老鼠和田鼠冬天搬家，就像迁徙到别墅里度假似的。从它们夏天的地下洞穴爬出来，搬到地面上来住，在雪底下的树根上和灌木丛低矮的枝丫上筑窠。奇怪的是，它们在冬天也生孩子！刚生下来的时候，小老鼠只有一丁点儿大，浑身光溜溜的，连毛都没有。但是好在它们的窝里很暖和，年轻的老鼠妈妈用自己的乳汁喂养它们。

春的预兆

虽然这个月天气仍然很冷，但已经不像隆冬时节那样寒风刺骨了。虽然积雪依然深厚，但已经不像从前那样洁白和耀眼了。这会儿，积雪的颜色发灰了、暗淡了，也失去了光泽，开始出现蜂窝般的小洞。屋檐下挂着的小冰柱却在逐渐变大，冰柱又滴下融化的水滴，一眼望去，一个小水洼出现在了地面上。

太阳出来的时间越来越长，阳光越来越温暖，太阳开始向大地传送暖意。天空不再是一片青白，天空的蓝色一天比一天加深。天上的云也不再是灰秃秃的了。它们开始变得密密层层，要是你留神看的话，有时还可以发现堆得密密实实的积云飘过天空。

一出太阳，就有欢乐的山雀来报信了，窗下会响起山雀快乐的歌声："脱掉皮袄，脱掉皮袄！"

夜晚，猫咪在屋顶上开音乐会和比武大会。

说不定什么时候，啄木鸟突然会发出一阵欢天喜地的擂鼓声。尽管它是用喙啄树干，可是它啄得有板有眼，仔细听的话，还是一支歌呢！

在密林里最幽深的角落，在云杉和松树下的雪地里，不知是谁画下了许多神秘的符号、莫名无解的图案。当猎人看见这些符号和图案的时候，他的心会突然缩紧，紧接着狂跳起来。要知道，这是森林中长着大胡子的公鸡——雄松鸡留下的痕迹呀！这是它那强有力的翅膀上的硬羽毛在坚实的春季冰壳上画下的印子呀！这样看来，松鸡马上要开始交配了，神秘的林中音乐会马上要开场了。

　　我们在前文中经常读到躲在积雪下的动物和植物，不用奇怪，这是因为积雪对地面有保温作用。冬天，我们穿棉袄很暖和，这是因为棉花有空隙，棉花空隙里填充着许多空气，空气的导热性能很差，这层空气阻止了我们身体的热量向外扩散。而积雪就像给大地盖上了一层白色的棉花，积雪中有许多小孔，小孔隙里充满了空气，防止地面的热量向外扩散，保障地面温度不会降得很低。

都市新闻

导读

　　和寒风扫过的森林相比，都市里动物们生活的环境相对舒适一些。鸟儿忙着修理自己的巢，还有好心人给它们准备"食堂"。都市里的居民都在帮着动物们度过冬天的最后一个月。

大街上的斗殴

　　城里已经可以感到春天来临的气息了。大街上时常会发生打架斗殴事件。

　　街头的麻雀一点儿也不理会过往的行人，只管互相乱啄颈毛，狠狠咬住对方的后颈。它们抖动着，撕打着，把羽毛啄得四散飞舞。

雌麻雀从来不参与打架斗殴，但也不阻止那些打架的家伙。

每天夜里，屋顶上也常发生猫咪打架事件。有一次，两只公猫打得你死我活，其中一只公猫一骨碌从好几层高的大楼顶上飞滚下来。

不过，你大可放心，腿脚利落的猫不会摔死。它跌下去时正好四脚着地，顶多在那以后跛几天。

装修和重建

全城都在忙着修补旧房屋和建造新房子。

老乌鸦、寒鸦、麻雀和鸽子正在忙着修理自己去年筑的巢。去年夏天出生的年青一代正在为自己建造新窝。

因此，建筑材料的需求量迅猛上升。树的枝杈、麦秸、柔韧的树枝、枝条、马鬃、绒毛和羽毛，都成了抢手货。

鸟的食堂

我和我的同学舒拉都十分喜欢鸟儿。冬天，住在我们这里的山雀和啄木鸟常常挨饿。我们觉得它们很可怜，决定给它们做食槽。

我家附近有很多树，常常有鸟儿落在那些树上找吃的。

我们用胶合板做了一些浅浅的木槽，每天早晨往木槽里撒些谷粒。现在鸟儿都已经习惯了，飞到木槽近处也不再害怕了，很乐意吃我们为它们准备的食物，而且吃得津津有味。我们认为，这样对鸟儿大有好处。

因此，我们呼吁所有小朋友都来做这件事。

——驻林地记者　瓦西里·格里德涅夫

亚历山大·叶甫谢耶夫

都市交通新闻

在街角的一座房子上，有一个标识：一个圆圈，中间有个黑色的三角形，三角形里画着两只雪白的鸽子。

这个标识的意思是："当心，有鸽子！"

这样一来，汽车司机把汽车开到大街拐角上，就会踩下刹车。拐弯的时候，他们会小心翼翼地绕过一大群鸽子，这群鸽子挤在马路中间，有青灰色的，有白色的，有黑色的，有咖啡色的。大人和孩子们站在人行道上，把米粒和面包屑抛给那些鸽子吃。

"当心，有鸽子！"这个提醒汽车注意的标识就竖立在莫斯科的大街上。这个标识最初是根据一名女学生托尼娅·科尔金娜的提议而设置的。现在，在列宁格勒和其他车水马龙的大城市里，同样悬挂着这样的牌子。市民们经常在这里喂鸽子，欣赏这些象征和平的鸟儿。

光荣属于爱惜鸟类的人！

返回故乡

《森林报》编辑部收到了很多喜讯。这些信来自埃及、地中海沿岸、伊朗、印度、法国、英国、德国。信中写道："我们的候鸟已经启程回乡。"

这些候鸟从容不迫地飞着，一寸寸地占据着正从冰雪中释放出来的土地和水域。它们估算好了，会在我们这里冰雪融化、河流解冻的时候恰好抵达。

雪下的童年

现在正是冰雪消融的天气，外面的积雪正在解冻。

我去外面挖点泥土，栽花用，顺便看了看我为鸟儿种的小菜园子。我在那儿给金丝雀种了一些繁缕，因为金丝雀非常爱吃繁缕那娇嫩多汁的绿叶。

你们应该认识繁缕吧！它们有油亮的淡绿色小叶子，小得几乎看不清的白色小花，还有总是缠在一起的脆嫩的细茎。

繁缕是紧贴着地面上生长的。如果谁在菜园里种了繁缕，却不仔细照看的话，那一畦菜地很快就会被繁缕密密匝匝地占满。

今年秋天，我播下了繁缕的种子，但是种得太晚了。种子发了芽，却来不及长成幼苗。它们就在那种状态下被雪埋了起来——只有一小段细茎和两片叶子。

我根本没指望它们能够成活。

结果怎么样呢？我一看，它们不仅活了下来，而且长大了，发芽了。现在它们已经不是幼苗了，而是长成了一株株小小的植物。有几株甚至还有了花蕾！

真不可思议，这是冬天哪，而且是发生在雪底下的事！

——尼·巴甫洛娃

新月初升

今天是个令人高兴的日子。我早早地起了床，正当日出的时候，我看见了新月的诞生。

初升的月亮一般在晚上日落之后才露面。人们很少在清晨日出之前见到它。它比太阳起得早，已经高高地爬上天空，宛如一弯珍珠色的细镰刀，闪耀着金灿灿的晨光，显得如此温暖、如此欢乐。

这样的月亮我从未见过。

——摘自少年自然界研究者的日记

迷人的小白桦

昨天夜里下了一场湿漉漉的雪，门口台阶的花园里，那棵我心爱的白桦树浑身沾满了雪，所有的秃枝都变成了白色。可是，凌晨的时候，天气又突然转冷了。

太阳升到明净的天空中。我一看，我的小白桦变成了一棵神奇而迷人的树，像被施了魔法似的。它挺立在那里，从树干到树顶上每一根细小的树枝，上上下下都像涂上了一层糖霜。原来，树干上的湿雪结成了一层薄冰，我的小白桦从头到脚变得银光晶亮，整棵树都亮晶晶的。

几只长尾巴山雀飞来了，它们长着厚厚的、蓬松的羽毛，好像一团团插着织针的白绒球，毛茸茸的。它们落在小白桦树上，在枝头上旋转跳跃——它们在寻寻觅觅，看有没有什么东西可以当早点吃。

山雀的小爪子在打滑，小嘴也啄不透冰壳。白桦树的树枝像玻璃似的，发出细细的、冷冷的叮当声。山雀叽叽喳喳，抱怨连天地飞走了。

太阳越升越高，阳光越来越暖和，终于把冰壳晒化了。

小白桦所有的树枝、树干都开始滴水，流下一股股的冰水，它仿佛变成了一个冰冻的喷泉。

白桦树的枝条上流淌着一条条银光闪闪的水痕，像一条条小银蛇顺着树枝蜿蜒而下。水痕闪烁着，在阳光下变幻着颜色。

山雀又飞回来了。它们落在树枝上，一点儿也不怕沾湿爪子，它们高兴极了。爪子不再打滑了，这棵解了冻的白桦树请它们吃了一顿可口的早餐。

——摘自少年自然界研究者的日记

最早的歌声

在一个酷寒但阳光明媚的日子里，城里的各个花园里响起了春天的第一首歌。最早的歌声来自美丽的苍雀，它的歌喉没有什么花腔，歌词也很简单，只不过是："晴——儿——回儿！ 晴——儿——回儿！"

就这么简单的调子和歌词，不过这歌声听起来是那么欢快，这只金色胸脯的小鸟似乎想用鸟语告诉人们："快脱掉大衣！快脱掉大衣！春天到了！"

绿棒接力赛

1947 年，我国创办了一年一度的全国优秀少年园艺家竞赛。这像一场长距离的接力赛跑，少先队员们从 1947 年的春姑娘手里，接过美妙的绿色接力棒出发，然后将它交到 1948 年的春姑娘手里。1947 年春天到 1948 年春天的这段路程，对五百万名少年园艺家来说，可不是那么容易。但是，他们珍爱自己种下的一切，也保护好了前人种下的一切。他们精心培育每一棵树、每一丛灌木，并且年复一年地坚持了下来。

每跑完一场绿棒接力赛，我国都要召开少年园艺家大会。

去年，有好几百万名少先队员和中小学生参加绿棒接力赛。他们栽种了好几百万棵果树和浆果灌木，新造了几百公顷的森林、公园和林荫道。今年参加竞赛的人，一定会更多。

竞赛的条件还是跟去年一样，可是要做的事情却比去年多得多。今年，每所学校里都要开辟一个果木苗圃，这有助于明年栽种更多的果园。

我们应该绿化道路，让每条大路都成为美丽的绿色林荫路。

我们应当用乔木和灌木巩固沟壑中的泥土，从而保护我们肥沃的土壤，防止水土流失。为了实现这一切，少年园艺家应该踏踏实实地向有经验的老园艺家们学习。

打靶场：第十二次竞赛

1. 什么小兽整个冬季头朝下睡觉？

2. 刺猬在冬季会做什么？

3. 冬季，松鼠不会吃什么？

4. 什么鸟会在一年四季，甚至是冰天雪地里孵小鸟？

5. 冬季，当所有昆虫都进入冬眠的时候，山雀给人类带来益处还是害处？

6. 貛在冬季给人类带来益处还是害处？

7. 什么鸣禽会潜入冰窟窿中给自己找吃的？

8. 为什么要在椋鸟屋内部入口的下面钉一个三脚架？

9. 哪种动物的骨骼露在外面？

10. 小鸡在蛋壳里呼吸吗？

11. 如果把青蛙从雪里挖出来，带到有火的温暖的地方，它会怎么样？

12. 麻雀的体温冬季时候低还是夏季时候低？

13. 海豹潜入冰下后靠什么呼吸？

14. 哪里的雪先融化？是森林里的还是都市里的？为什么？

15. 春季从什么鸟飞来时算起？

16. 谜语：新砌一堵墙，圆圆开扇窗；白天打破玻璃，夜里又装上。

17. 谜语：冬季挨饿，夏天吃饱。

18. 谜语：在屋里子结冰，到外面却不结冰。

19. 谜语：一匹白布窗前过，铺在地上亮堂堂。

20. 谜语：什么比树高？什么比光亮？

21. 谜语：叫声像鸟不是鸟，不在屋里，也不在外面。

22. 谜语：虽然没头没脑，却比野兽更刁钻。

23. 谜语：炒菜的原料，穿着大衣，林中乱跑。

24. 谜语：春天让人开心，夏天叫人凉快，秋天提供口粮，冬天里暖洋洋。

最后时刻的紧急电报

城里出现了候鸟的先遣部队——白嘴鸦。冬季结束了。森林里现在是新年元旦。现在请你从《森林报》第一期开始重新阅读。

附　录

打靶场：第十次竞赛

1. 从 12 月 22 日冬至算起。这是一年中白昼最短的一天。

2. 猫的脚印，因为猫走路时会把脚爪收缩起来。

3. 水獭和水貂，因为它们会吃鱼。

4. 不生长，因为它们处于休眠状态。

5. 因为新下过雪的地面上足迹总是新鲜而清晰的，无论你顺着什么足迹走，总能找到野兽。

6. 黑琴鸡、山鹑和花尾榛鸡。

7. 在田野里穿白色，因为接近雪的颜色；在森林里穿灰色，因为在森林里冬季也有绿色植物，白色和其他颜色都显得太显眼。

8.因为在奔跑时，兔子会把两条长长的后腿向前甩。

9.不筑巢，也不孵小鸟。

10.黑琴鸡。

11.丘鹬，因为它会把喙深深地戳进泥里寻找食物。

12.駒鼱，因为肉食动物敏感的嗅觉忍受不了駒鼱身上散发出来的强烈的麝香味。

13.熊的脚印。

14.因为当鸱鹰或猫头鹰攻击兔子时，一只爪子扎进了兔子背，另一只爪子则竭力抓住树木或者灌木的枝条。受到惊吓的兔子往往拼劲全身力气奔走逃跑，以至于把死死抓住树枝的鸱鹰或猫头鹰撕成两半。

15.子弹打穿了鹿的身体，因为脚印的两旁有两行血迹。

16.下暴风雪。

17.狼。

18.风。

19.严寒。

20.严寒。

21.冰。

22. 暴风雪。

23. 黑麦、燕麦、小麦。

24. 腌蘑菇。

打靶场：第十一次竞赛

1. 小野兽。因为一方面，小型动物体形越大，体内产生的热量越多；另一方面，暴露在外的身体表面积越大，释放到身体周围空气中的热量越多。大型动物的体积往往比身体的表面积大。所以大型动物产生大量的热量，而释放到空气中的热量相对较少。而小型动物则相反。

2. 胖熊。脂肪能为冬眠的熊提供营养和热量。

3. 狼不像猫科动物那样伺机埋伏，守候猎物，而是在奔跑中追赶猎物。

4. 冬季树木开始休眠，不吸收水分，所以冬季从树上砍下的木柴比较干燥。

5. 锯下的树木的年龄可以从木材上的一圈圈年轮的数量得知。

6. 因为猫科动物捕捉猎物是从埋伏状态一跃而出。它们应该使身体保持清洁，不让自己的身体散发出气味，否则它们在捕猎的时候，所捕猎的对象会从远处嗅到它们的气味，从而不敢走近伺伏地点。

7.因为它们在人的居所附近很容易找到食物。

8.并不都是。一部分白嘴鸦留在我们这里过冬。冬季在污水坑边、在小树林里、在乌鸦栖息的地方，常可以看到乌鸦群中夹杂有一只或几只白嘴鸦。

9.什么也不吃，冬季它睡觉。

10.从冬眠的洞穴里被赶出来之后再也不冬眠的熊。

11.冬季，蝙蝠在树洞、缝隙、阁楼和屋檐下过冬。

12.只有雪兔才会变白，灰兔仍然是灰色的。

13.猛禽。

14.交嘴雀吃松树和云杉树的种子。它们的身体里都浸透着松脂，而松脂使身体保持不腐烂。

15.盖着雪的树墩。

16.雪。

17.冬天，一开门，一团团寒冷的空气就卷入屋内。

18.冬季进入冬眠状态的熊、獾等野兽。

19.缝毡靴：用猪鬃将麻线穿过皮（牛皮的）鞋掌和靴筒（羊毛毡的）。

20. 猎人带着猎狗去猎熊；如果没有猎狗，熊就可以把人咬死。

21. 胡萝卜，白萝卜。

22. 白菜。

23. 圆白菜。

24. 大圆萝卜。

打靶场：第十二次竞赛

1. 蝙蝠。

2. 冬眠：钻进用草或者干树叶做的窝，一直睡觉。

3. 不会吃肉。

4. 交嘴雀。交嘴雀用松树和云杉树的种子喂养小鸟。

5. 益处。冬季，山雀大量啄食藏在树皮的缝隙和小孔中的昆虫、虫卵和幼虫。

6. 既无益处也无害处，冬季獾冬眠。

7. 河乌。

8. 为了不让猫的爪子伸到窝里面。

9. 许多昆虫、虾和其他节肢动物。它们的骨骼由称为

"几丁质"的坚硬物质构成。

10. 通过外壳的气孔呼吸。如果把鸡蛋涂上颜色或者涂上稠密的胶水，那么空气就无法透过蛋壳，小鸡就会窒息而亡。

11. 由于温度急剧变化，青蛙会死亡。

12. 麻雀在冬季和夏季体温一样。

13. 海豹在水中不呼吸。它会在冰面上为自己凿一个冰窟窿，出来透透气。

14. 都市里的雪先融化，因为都市里的气温比较高。

15. 从白嘴鸦飞来时算起。

16. 冰窟窿，因为冰窟窿夜里会结冰。

17. 狼。

18. 玻璃窗。只有屋里的这一面会结冰。

19. 透过窗户的阳光。

20. 太阳。

21. 进屋的门开关时吱吱响，就像夜莺在窝边叽叽叫。

22. 捕兽夹。

23. 兔子。

24. 森林。

"火眼金睛"称号竞赛答案

竞赛（九）

图 1. 这是喜鹊在雪地上的足迹。它在这里跳跃过，把脚趾的印迹留了下来，后来它用翅膀和尾巴拍打着雪地，飞起来走了。

图 2. 兔子——雪兔和欧兔的足迹。这两种脚印很容易区别：雪兔的脚印是圆的，欧兔的脚印是窄长的。

图 3. 雪兔曾经在这里吃过东西。它几乎把一丛小柳树啃光了，周围到处是它的圆形脚印。

图 4. 栎树。

图 5. 柳树。

图 6. 桦树。

图 7. 梨树。

图 8. 苹果树。

图 9. 云杉树。

图 10. 槭树。

图 11. 杨树。

图 12. 榛树。

竞赛（十）

下面就是画在图片中的足迹所讲述的故事：

在一个极其寒冷的冬夜，一只雪兔蹦蹦跳跳地来到一个干草垛旁边，偷吃干草。它在这里吃了很久，你看它踩出了多个圆形的脚印，留下了多少小粪蛋。

现在，你再看：一只狐狸从右边偷偷地向它靠近。它小心翼翼地蹑足而行，躲躲闪闪地前进，就像猎人们所说的那样，把自己逼近猎物的意图藏了起来。狐狸的足迹和狗的足迹非常相似，但是狐狸的足迹比较窄长，而且会笔直、均匀地连成一条链子似的线。

但是，狐狸悄悄逼近雪兔的阴谋未能得逞。正在吃草的雪兔及时发现了临近的危险，它急急忙忙逃走了。雪兔跳跃式的足迹表明，它匆忙跳跃着经过田野，通向森林的边缘。

狐狸也跟着雪兔蹦跳着，它打算拦截这只逃跑的雪兔，不让它逃进森林。

然而不知为什么，奔跑的狐狸突然来了一个急转弯，掉转方向跑到了另一边，进入了灌木丛。

雪兔几乎已经跑到了森林的边缘，却突然消失了。它的足迹到这里就结束了，像是钻进了地底下。

不对，如果兔子钻进了地底下，那么雪上应该会留下一个地洞。但是，在兔子足迹骤然中断的地方，雪上只有一处凹陷，根本没有地洞。再仔细一看，原来这处凹陷里有兔毛和血迹。在凹陷处的两边，有一些巨大的圆形，那是翅膀在雪面上猛烈扑打留下的痕迹。

不难猜测，这是一只大个头儿的雕鸮留下的痕迹。

雕鸮抓住了送上门来的兔子，用可怕的钩形嘴啄了它几下，兔子的挣扎并没有改变自己的命运。于是，兔子被这只猛禽的利爪抓住，它抓着兔子腾空飞入了森林。

现在你一定明白了，正在追捕雪兔的狐狸为什么要来一个急转弯，因为雕鸮就在它眼皮子底下抢走了它的猎物。

我们祝贺所有根据足迹猜出这个惊心动魄的林中故事的读者。你将获得"神眼侦探"荣誉称号！

《森林报》编辑部

扫二维码，下载《森林报·冬》题库

童趣文学 经典名著阅读

中国现当代文学

《繁星·春水》　　　　《寄小读者》　　　　《小橘灯》

《宝葫芦的秘密》　　　《大林和小林》　　　《城南旧事》

《呼兰河传》　　　　　《稻草人》　　　　　《骆驼祥子》

《朝花夕拾》　　　　　《鲁迅杂文》　　　　《最后一头战象》

《背影》　　　　　　　《神笔马良》

中国古典文学

《三国演义》　　　　　《水浒传》　　　　　《红楼梦》

《西游记》

经典国学

《中国古今寓言》　　　《中国古代神话故事》　《唐诗三百首》

《中学生必背古诗文 61 篇》《中外民间故事》　　《小学生必背古诗词 75 首》

《成语故事》

外国经典文学

《爱的教育》　　　　　《木偶奇遇记》　　　《格林童话》

《绿山墙的安妮》　　　《汤姆·索亚历险记》　《吹牛大王历险记》

《绿野仙踪》　　　　　《猎人笔记》　　　　《钢铁是怎样炼成的》

《假如给我三天光明》　《格兰特船长的儿女》　《鲁滨孙漂流记》

《老人与海》　　　　　《爱丽丝漫游奇境记》　《地心游记》

《安徒生童话》　　　　《名人传》　　　　　《八十天环游地球》

《昆虫记》　　　　　　《福尔摩斯探案集》　《简·爱》

《童年》　　　　　　　《海底两万里》　　　《荒野的呼唤》

《西顿野生动物故事集》《克雷洛夫寓言》　　《列那狐的故事》

《尼尔斯骑鹅旅行记》　《长腿叔叔》　　　　《小飞侠彼得·潘》

《伊索寓言》　　　　　《神秘岛》　　　　　《小鹿斑比》

《森林报·春》　　　　《森林报·夏》　　　《森林报·秋》

《森林报·冬》　　　　《格列佛游记》　　　《居里夫人自传》

《小王子》　　　　　　《海蒂》　　　　　　《安妮日记》